多种魔方玩法一学就会

就爱玩魔方

季默◎著

天津大学出版社
TIANJIN UNIVERSITY PRESS

图书在版编目（CIP）数据

就爱玩魔方：多种魔方玩法一学就会／季默著. --
天津：天津大学出版社，2018. 1

ISBN 978－7－5618－6059－5

Ⅰ.①就…　Ⅱ.①季…　Ⅲ.①幻方—教材　Ⅳ.
①O157

中国版本图书馆 CIP 数据核字（2018）第 005627 号

出版发行	天津大学出版社	
地　　址	天津市卫津路 92 号天津大学内（邮编：300072）	
电　　话	发行部：022－27403647	
网　　址	publish. tju. edu. cn	
印　　刷	天津泰宇印务有限公司	
经　　销	全国各地新华书店	
开　　本	170mm×240mm	
印　　张	19. 25	
字　　数	333 千	
版　　次	2018 年 1 月第 1 版	
印　　次	2018 年 1 月第 1 次	
定　　价	59. 00 元	

序 Preface

资深魔方教练倪雯婷

魔方不只是孩子们的玩伴，也是成年人没来得及做完的童梦，这小小的方块不仅是玩具，它还是你的思维殿堂。

几乎每个人都玩过魔方，能成功把颜色拼整的人却为数不多。因为一看到缭乱纷呈的色块，大多数人就畏难不前了。其实，复原魔方并没有想得那么难，只要静下心来，翻开这本教程，按着书中所述一步一步去做，你会发现，魔方在不知不觉中就能复原好。

魔方又称"魔术方块""鲁比克方块"等，由匈牙利建筑学和雕塑学教授厄尔诺·鲁比克发明，当初为了帮助学生们认识空间立方体的组成和结构，他动手做出了第一个魔方，这就是现在最常见的三阶魔方的雏形。发展到现在，魔方还衍生出了二阶、四阶、五阶等正阶魔方及金字塔、斜转、五魔方等异形魔方，品类繁多，但万变不离其宗，复原的思路都是相似的。

首先，要明确的是魔方并不是由一个个单一的颜色块构成，而是由一个个立体块拼成，这些立体块上有一些颜色，通过移动这些立体块来改变颜色的位置，从而复原魔方。在复原魔方之前，你脑中已经有了一个空间的概念，而不是颜色的平移，这就训练到了空间思维能力。其次，高级魔方复原方法会教你一些复原公式，对应不同的情况，这对记忆能力也有一定要求。然后，在你熟练掌握公式后，可以根据实际情况选择最优解法和预判下一步的情况，这又用到了逻辑思维能力。最后，在你不断提升自己速度的时候，对手法的要求也是比较高的，之所以称魔方速拧运动为手部极限运动，原因也在于此，毫无疑问，魔方的快速复原训练对魔方玩家的手指灵活性也有很大程度的提高。

故此，魔方复原并没有门槛，任何人都可以学会，如果要提升速度，也能对练习者方方面面的能力有一定程度的训练，关键是要有恒心。

在你翻开这本教程时，就已经踏入了魔方玩家的行列。因为能下决心学习一门世界上大多数人都不会的技能，就已经是很大的进步了。接下来你要做的，就是准备一个普通但转起来不费力的魔方、一个光线充足的房间、一段轻松舒缓的音乐，让本书带你开启一段全新未知的奇妙旅程吧！

季 默

　　2009 年的夏天，一个魔方出现在我的视野中，我对它产生了极大的兴趣。我用一个周末学会了还原三阶魔方。那段时间只要有空我几乎都在玩魔方，一次次的尝试与还原，不断地刷新着自己的成绩，越发体会到还原过程中的乐趣。当时已经是高考在即，魔方作为一款益智玩具，给平时紧张与单调的学习带来了别样的气氛。

　　学会了三阶魔方以后，我又对二阶魔方和四阶魔方产生了兴趣，我发现它们的还原方法与三阶魔方有共同之处，在高阶魔方的解法中所蕴含的思路也使我有所启发。后来，我陆续又见识到了琳琅满目的异形魔方，它们不是方方正正的外形，而是形态各异，图案也很漂亮。我开始收集异形魔方，然后学习它们的还原方法，每种魔方都有不同的特点，每一个都让我爱不释手。

　　我第一次参加世界魔方协会认证比赛是在 2010 年，通过比赛，我认识了许多"魔友"，也近距离目睹了高手们的竞技水平。在这之后我开始经常参加各种比赛和聚会，到现在已经参加了 60 多场比赛。除了平时的练习和在网上的交流，我还与"魔友"面对面讨论心得、分享技巧，使自己的水平提升很快。

　　我对魔方的理解是，还原魔方并不只是简单、机械式地堆叠公式，还需要融入自己对还原方法、思路的理解，还原魔方的趣味性也在于此。而随机打乱的魔方能够出现两次相同状态的概率几乎为零，每一次还原都充满未知和挑战，每一次还原都是一次享受的过程，每一次还原都会有所收获。让我们踏上魔方还原之路，一起爱上魔方吧！

本书导读

❯ 复原魔方前的准备

在复原魔方之前，需要亲爱的读者准备一个魔方（不管是三阶魔方还是高阶魔方，甚至是异形魔方，都没有关系，因为本书涵盖了大多数魔方），再腾出一定的时间，并在一个光线良好的地方翻开本书对应的魔方复原章节，开始魔方之旅。

为了让读者尽快入门，建议从三阶魔方或二阶魔方开始学习，高阶魔方的还原大都以三阶魔方为基础，在掌握了三阶魔方之后，再去学习高阶魔方。异形魔方可以在学会三阶魔方后开始学习，也可以直接进行学习。

❯ 学习顺序

本书介绍的每种魔方都有多种复原方法，由易到难，读者可按顺序学习，先掌握基础玩法，再通过学习竞速玩法来提升速度，或练习盲拧、单手拧或脚拧来体验不同玩法带来的乐趣。

以三阶魔方为例，层先法属于基础入门玩法，在了解了魔方复原的原理之后，可以通过 CFOP 法、桥式法等竞速玩法来提升速度，还可以继续学习其他玩法。魔方的复原必须通过公式来完成，所以书中尽可能多地给出多种还原公式，读者可以根据自己的习惯来练习和记忆。

❯ 复原要点

在复原魔方时，首先要确定视角，然后根据视角来确定前、后、左、右、上、下各个方位，最后根据转动符号说明来对应各个符号代表的位置、方向、转动次数。

在了解了转动符号的含义之后，就可以参照图例和公式转动魔方了。

❯ 视频的使用

三阶魔方层先法属于基础解法，是其他方法的基础，也是初学者需要掌握的方法，因此书中为三阶魔方层先法录制了视频讲解，读者可以扫描相应章节处的二维码观看。

01 还原底层棱块

02 还原底层角块

03 还原中层棱块

04 调整顶层棱块方向

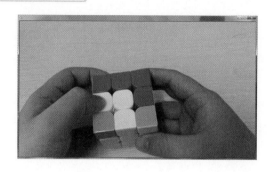

05 调整顶层角块方向

06 还原顶层角块

⧉ 本书特色

- 本书内容以表格和图例的形式展现，涵盖了魔方可能出现的各种情况，便于读者对照和查询。
- 本书涵盖了多种魔方，对每一种魔方也尽可能给出多种玩法，非常超值。
- 本书三阶魔方层先法配有视频讲解，读者通过扫描文中二维码可以观看视频，体验立体式阅读。

目 录
Contents

第二篇　高阶魔方还原之路

第三篇　异形魔方还原之路

第一篇
基础魔方还原之路

三阶魔方共有约 4325 亿亿种状态，如果每秒转十次魔方，需要约 1370 亿年才可以将三阶魔方的所有状态都转一遍，因此没有一个明确的目标是无法还原魔方的。本篇由浅入深教你使用各种高效的方法来还原常见的正阶魔方。

就爱玩魔方
多种魔方玩法一学就会

第 1 章　魔方基础知识

1.1　魔方的起源

　　世界上第一个三阶魔方由匈牙利建筑学和雕塑学教授厄尔诺·鲁比克（Ernõ Rubik）于 1974 年发明，但是这位教授制作它并不是为了发明一件玩具，而是为了帮助学生们认识空间立方体的组成和结构。他设计了一个切割立方体的试验，并且自己动手做出了第一个魔方的雏形。在这个试验的基础上，他想制作出一个辅助教学的教具，并用了 6 周的时间设计出了一个可以让六个面旋转并且交换位置的 3 × 3 × 3 的正立方体结构。制作出这个教具后，鲁比克教授在其 6 个外表面涂以 6 种不同的颜色，魔方从此诞生，这个魔方的零件像卡榫一般互相咬合在一起，不容易因为外力作用而分开，而且可以以任何材质制作。

　　制作出第一个魔方后，鲁比克教授将它打乱，却发现很难复原，他用了一个多月时间才得以将六面还原为原来的颜色。这使他意识到，这个发明可以作为益智玩具，于是他写出了详细的说明书并申请了专利。1975 年，鲁比克教授在匈牙利获得了魔方的专利证书。

1.2　魔方的流行

　　魔方开始并不很流行，因为魔方制作虽然不复杂，但对工艺要求很高，并且市场前景难以预测，鲁比克教授找的很多工厂都不愿意生产魔方，只有一家工厂勉强同意生产 5000 个魔方。1977 年圣诞节前夕，鲁比克教授在布达佩斯将魔方投放市场，竟在 2 天之内被抢购一空，随后生产的魔方也十分抢手，就这样，魔方在匈牙利推广开来。

　　魔方风靡世界的转机出现在 1978 年，在那年的布达佩斯国际博览会上魔方赢得了一个奖项。在随后的 1979 年德国纽伦堡国际玩具博览会上，魔方被评为"最佳玩具"，其发明者厄尔诺·鲁比克荣获"世界最佳游戏发明奖"。魔方从此蜚声

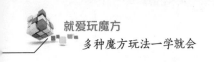

国际，并引起了世界范围的魔方热潮，成为大众喜爱的益智玩具。

仅 1980 年到 1982 年两年间，全球总共售出了将近 200 万个魔方。到了 20 世纪 80 年代中期，全世界有 1/5 的人在玩魔方。

由于三阶魔方深受大家的喜爱，1983 年鲁比克教授和他的合伙人又设计了二阶魔方和四阶魔方，并于 1986 年设计出五阶魔方。

1.3 魔方比赛

随着 20 世纪 70 年代末 80 年代初魔方在世界范围内的流行热潮，魔方比赛应运而生。

根据吉尼斯世界纪录记载，第一场大型魔方比赛于 1981 年 3 月 13 日举行，第一名是来自德国的尤里·弗奥里施尔（Jury Froeschl），用时 38 秒。

第一届魔方世界锦标赛于 1982 年 6 月 5 日在匈牙利的布达佩斯举行。来自 19 个国家，年龄在 14~26 岁的选手参加了比赛。当时比赛内容就是三阶魔方快速还原。为了比赛的公平，鲁比克教授和一些数学家设计出几个难度相同的魔方打乱状态，并将打乱的魔方封装到箱子内，比赛前才带到赛场。美国选手明·泰（Minh Thai）以 22.95 秒的成绩获得冠军。

为了让更多人享受到魔方竞速的乐趣，从 2003 年起，世界魔方协会（World Cube Association，WCA）开始在世界各地举办比赛，记录并认证正式比赛的成绩。随着魔方比赛越来越多，世界魔方协会逐渐增加了新的比赛项目和多种玩法。

中国的第一场世界魔方协会认证赛于 2007 年 10 月 1 日在广州举行。

第 2 章　三阶魔方玩法

2.1　三阶魔方简介

三阶魔方（Rubik's Cube），又称"魔术方块"（Magic Cube），它是六轴六面体，有 8 个角块、12 个棱块、6 个与轴相连的中心块，外层转动将移动 4 个角块和 4 个棱块。三阶魔方共有约 4.325×10^{15} 种状态，任意一种状态都可以通过不超过 20 次的转动来复原。世界魔方协会认证的三阶魔方比赛项目包括三阶速拧、三阶单手、三阶脚拧、三阶盲拧、三阶多个盲拧和三阶最少步。

三阶魔方的国际通用配色为：白色与黄色相对，蓝色与绿色相对，红色与橙色相对。如果将白色面朝向上方，红色面朝向自己，此时绿色面朝向左侧，蓝色面朝向右侧，即"上白下黄、左绿右蓝、前红后橙"。这种国际通用配色适用于任何正六面体魔方，如二阶至七阶魔方、斜转魔方、SQ-1 魔方等。

三阶魔方基础知识

三阶魔方的结构	
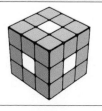	**中心块：** 在每个面的中心位置上都有一个中心块 三阶魔方共有 6 个中心块 每个中心块上只有一种颜色 中心块的颜色决定了它所在面的颜色

（续）

三阶魔方的结构	
	棱块： 在正方体的每条棱上都有一个棱块 三阶魔方共有 12 个棱块 每个棱块上有两种颜色 棱块上的两种颜色会对应两个相邻面中心块的颜色
	角块： 在正方体的每个角上都有一个角块 三阶魔方共有 8 个角块 每个角块上有三种颜色 角块上的三种颜色会对应三个相邻面中心块的颜色

三阶魔方的转动规则	
	三阶魔方以一个中心块为轴进行旋转 围绕着中心块的 4 个棱块和 4 个角块将会移动 棱块只能与棱块互相交换 角块只能与角块互相交换 中心块不能移动
	转动某一层时 中心块不会发生移动
	转动某一层时 中心块周围的 4 个角块的位置会互相轮换
	转动某一层时 中心块周围的 4 个棱块的位置会互相轮换

2.2　三阶魔方转动符号

将魔方平放，并将任意一个面朝向自己，此时朝向自己的面称为"前面"，用字母 F（Front）表示，与前面相对的面称为"后面"，用字母 B（Back）表示；朝向上方的面称为"顶面"，用字母 U（Up）表示，与顶面相对的面称为"底面"，用字母 D（Down）表示；朝向左侧的面称为"左面"，用字母 L（Left）表示，与左面相对的面称为"右面"，用字母 R（Right）表示。

1.　单层转动

外层顺时针转动 90°：R（右，Right）、L（左，Left）、U（上，Up）、D（下，Down）、F（前，Front）、B（后，Back）。

外层逆时针转动 90°：R′、L′、U′、D′、F′、B′。

外层转动 180°：R2、L2、U2、D2、F2、B2。

中层顺时针转动 90°：M（方向同 L）、S（方向同 F）、E（方向同 D）。

中层逆时针转动 90°：M′、S′、E′。

中层转动 180°：M2、S2、E2。

2.　整体转动

整体顺时针转动 90°：x（方向同 R）、y（方向同 U）、z（方向同 F）。

整体逆时针转动 90°：x′、y′、z′。

整体转动 180°：x2、y2、z2。

3.　双层转动

双层顺时针转动 90°：Rw、Lw、Uw、Dw、Fw、Bw。

双层逆时针转动 90°：Rw′、Lw′、Uw′、Dw′、Fw′、Bw′。

双层转动 180°：Rw2、Lw2、Uw2、Dw2、Fw2、Bw2。

三阶魔方转动说明					
R	R′	R2	L	L′	L2

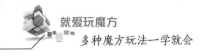
（续）

三阶魔方转动说明					

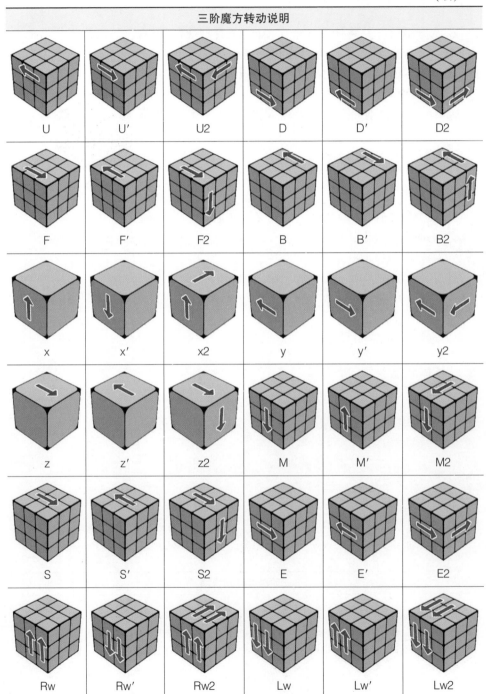

U	U′	U2	D	D′	D2
F	F′	F2	B	B′	B2
x	x′	x2	y	y′	y2
z	z′	z2	M	M′	M2
S	S′	S2	E	E′	E2
Rw	Rw′	Rw2	Lw	Lw′	Lw2

（续）

三阶魔方转动说明					
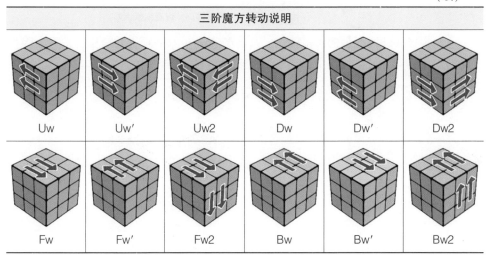					
Uw	Uw′	Uw2	Dw	Dw′	Dw2
Fw	Fw′	Fw2	Bw	Bw′	Bw2

2.3 三阶魔方层先法 (Layer-by-layer Method)

三阶魔方层先法还原步骤			
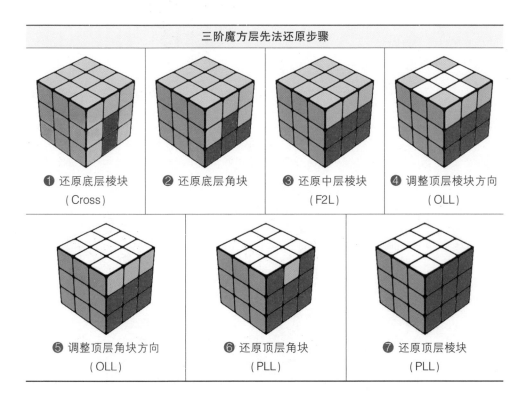			
❶ 还原底层棱块 （Cross）	❷ 还原底层角块	❸ 还原中层棱块 （F2L）	❹ 调整顶层棱块方向 （OLL）
❺ 调整顶层角块方向 （OLL）	❻ 还原顶层角块 （PLL）	❼ 还原顶层棱块 （PLL）	

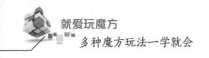

1. 还原底层棱块（Cross）（扫描二维码，观看视频讲解）

这一步将要还原底层的 4 个棱块。三阶魔方的 6 个中心块与轴相连，不会因为转动而发生移动，可以通过中心块的颜色来判断某个面的颜色。

三阶魔方层先法底层棱块还原步骤
❶ 调整魔方的摆放方向，将中心块为白色的面放在顶面，中心块为黄色的面放在底面 
❷ 观察黄色棱块的位置，通过整体旋转 y 将一个黄色棱块摆放在 F 面的 FU、FR、FD 中的任意一个位置（图中紫色棱块位置） 

❸ 通过转动 D 将底面非黄色棱块转动至 FD 位置

如果 FD 棱块的底面已经为黄色，需要将黄色棱块调整至其他位置，防止还原其他黄色棱块时被打乱	通过旋转 D/D'/D2，将底面的非黄色棱块旋转至 FD 位置
	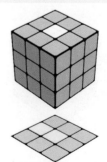

（续）

三阶魔方层先法底层棱块还原步骤	
❹ 还原一个黄色棱块	观察黄色棱块的位置，使用对应的公式进行还原 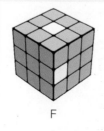  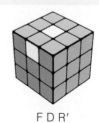 F　　　　　　　　F2　　　　　　F D R′ 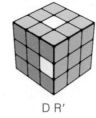 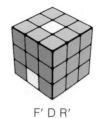 D R′　　　　　　　F′ D R′
❺ 重复第❷ ~❹ 步，调整全部黄色棱块至底层	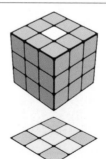
❻ 调整底层棱块位置，还原全部黄色棱块。根据底层棱块的侧面颜色与中心块颜色判断该棱块位置是否正确	位置错误的棱块，棱块侧面颜色与中心块颜色不同，需要调整　　　位置正确的棱块，棱块侧面颜色与中心块颜色相同  

（续）

三阶魔方层先法底层棱块还原步骤		
	交换 FD 与 RD 棱块	交换 FD 与 BD 棱块
	R2 U F2 U' R2	M2 U2 M2
❼ 底层棱块还原完成		

2. 还原底层角块 （扫描二维码，观看视频讲解）

这一步将要还原底层的 4 个角块，可以根据角块上的颜色判断其位置是否正确。

三阶魔方层先法底层角块还原步骤		
❶ 根据角块的三种颜色与中心块三种颜色判断其正确位置，然后还原		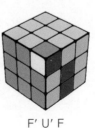

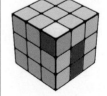

R U R'　　　　F' U' F　　　　R U2 R' U' R U R'

（续）

三阶魔方层先法底层角块还原步骤		
	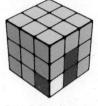 R U R′ U′ R U R′	 R U′ R′ U R U′ R′	 完成状态
※位置错误的角块，需要先调整至顶层，再还原至正确位置	角块颜色与中心块颜色不对应，位置错误  R U R′（移至顶层）	
❷ 已还原底层		

3. 还原中层棱块（F2L）（扫描二维码，观看视频讲解）

　　这一步将要还原中层的 4 个棱块。中层棱块上没有顶层与底层的颜色，某个位置的棱块颜色可以通过相邻两面中心块的颜色来判断。

三阶魔方层先法中层棱块还原步骤	
❶ 观察顶层棱块，没有白色的棱块为中层棱块，根据它的侧面颜色，通过转动 U 将它移动至同色的面上，然后还原	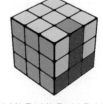 R′ U′ R′ U′ R′ U R U R	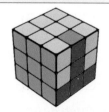 R U R U R U′ R′ U′ R′

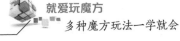

（续）

三阶魔方层先法中层棱块还原步骤		
	方向错误	位置错误
※中层棱块已经在中层的情况，如果位置或方向错误，需要先调整至顶层再按照❶的情况进行还原	R′U′R′U′R′URUR（移至顶层）	
❷ 已还原中层		

4. 调整顶层棱块方向（OLL）（扫描二维码，观看视频讲解）

这一步将要调整顶层棱块方向，使顶面的 4 个棱块与顶面中心块同色，不考虑棱块位置是否正确。

三阶魔方层先法 OLL 公式（1）		
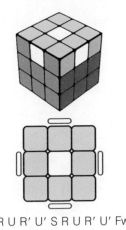FRUR′U′SRUR′U′Fw′	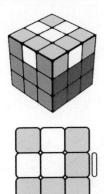FURU′R′F′	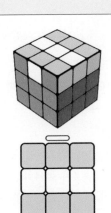FRUR′U′F′

5. 调整顶层角块方向（**OLL**）（扫描二维码，观看视频讲解）

这一步将要调整顶层角块方向，使顶面的 4 个角块与顶面中心块同色，不考虑角块位置是否正确。

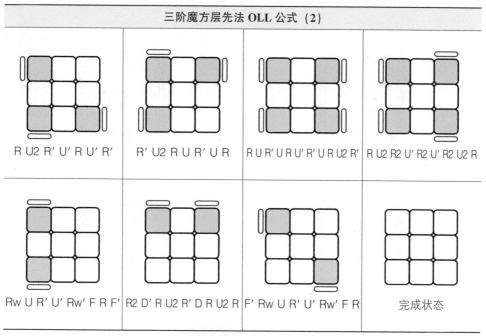

三阶魔方层先法 OLL 公式（2）

R U2 R′ U′ R U′ R′	R′ U2 R U R′ U R	R U R′ U R U′ R′ U R U2 R′	R U2 R2 U′ R2 U′ R2 U2 R
Rw U R′ U′ Rw′ F R F′	R2 D′ R U2 R′ D R U2 R	F′ Rw U R′ U′ Rw′ F R	完成状态

6. 还原顶层角块（**PLL**）（扫描二维码，观看视频讲解）

这一步将要还原顶层的 4 个角块。可以通过观察顶层侧面的两个角块颜色是否相同来判断。

三阶魔方 PLL 公式（1）

R B′ R F2 R′ B R F2 R2	x′ R U′ R′ D R U R′ D′ R U R′ D R U′ R′ D′	完成状态

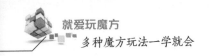
7. 还原顶层棱块（PLL） **（扫描二维码，观看视频讲解）**

这一步将要还原顶层的 4 个棱块。可以通过观察棱块与角块的侧面颜色是否相同来判断。

三阶魔方 PLL 公式（2）	
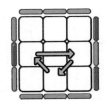 R2 U R U R′ U′ R′ U′ R′ U R′	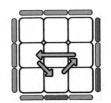 R U′ R U R U R U′ R′ U′ R2
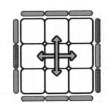 M2 U M2 U2 M2 U M2	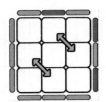 R′ U′ R U′ R U R U′ R′ U R U R2 U′ R′

2.4 三阶魔方 CFOP 法（Fridrich Method）

三阶魔方 CFOP 法还原步骤			
 ❶ 还原底层棱块 （Cross）	 ❷ 还原两层 （F2L）	 ❸ 调整顶层棱角方向 （OLL）	 ❹ 还原顶层 （PLL）

1. 还原底层棱块（Cross）

　　这一步将要还原底层的 4 个棱块。任意状态的三阶魔方都可以通过不超过 8 次转动来完成 Cross，还原 Cross 的平均步数约为 6.5 步。

三阶魔方 Cross 两棱公式			
R' F R	D R' D'	U' R' F R	y' R' Uw R'
R' U' F R2	F U F R'	R' F R'	U' R' U2 F R'
U' R' U R' F	F U2 F R'	U R' U' F R'	U' R' U' F R'
U' R' U' R' F	F U' F R'	F U2 R' F	U' R' F R'

(续)

三阶魔方 Cross 两棱公式

R' F	U R' F2	D R' D2 F D	D R' D' R'
R U R2 F R'	D R2 B' D'	U F R'	F R2
y' R' D' R2 F D	F' R' F2	D R B' D' F	F' R' F
R U F R'	R F R2	U R F R'	R F R
y' R D' R' D	D R' D' R	F' D' L F D	F2 U' R2

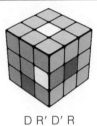

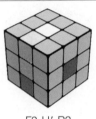

（续）

三阶魔方 Cross 两棱公式			
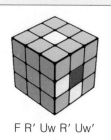		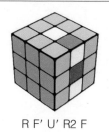	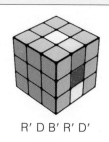
F R' Uw R' Uw'	R D R2 B' D'	R F' U' R2 F	R' D B' R' D'

2. 还原两层（F2L）

F2L 是在 Cross 完成后同时完成一组底层角块和中层棱块的方法，标准的 F2L
有 41 种状态，完成一组 F2L 的平均步数约为 6.7 步，完成 4 组 F2L 的平均步数约
为 26.8 步。

三阶魔方 F2L 公式			
F R' F' R	R U' R' U2 F' U' F	Rw' U2 R2 U R2 U Rw	U' Rw U' R' U R U Rw'
R' U2 R2 U R2 U R	U' R U' R' U R U R'	R U R'	U' R U R' U R U R'

（续）

三阶魔方 F2L 公式

y' U R' U R U' R' U' R	U' R U2 R' U F' U' F	U' R U' R' U F' U' F	F' U' F
R U R' U2 R U' R' U R U' R'	U R U' R'	U' R U R' U2 R U' R'	U' R U2 R' U2 R U' R'
y' R' U2 R U R U' R	U' R U R2 F R F' R U' R'	U R U2 R' U R U' R'	R U' R' U2 R U R'
U2 R2 U2 R' U' R U' R2	R U2 R' U' R U R'	F' L' U2 L F	y' U R' U2 R U' R' U R
R2 U R2 U R2 U2 R2	U' R' F R F' U R U' R'	U' R U R' U F' U' F	U' R U R' U2 R U' R'

（续）

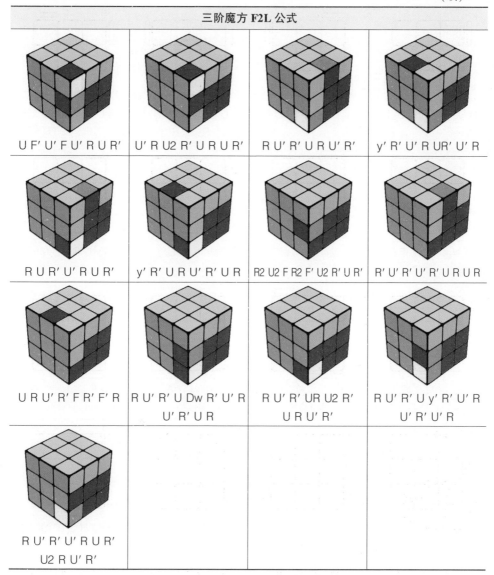

三阶魔方 F2L 公式			
U F' U' F U' R U R'	U' R U2 R' U R U R'	R U' R' U R U' R'	y' R' U' R U' R' U R
R U R' U' R U R'	y' R' U R U' R' U R	R2 U2 F R2 F' U2 R' U' R	R' U' R U' R' U R U R
U R U' R' F R F' R	R U' R' U Dw R' U' R U' R' U R	R U' R' U R U2 R' U R U R'	R U' R' U y' R' U' R U' R' U' R
R U' R' U' R U R' U2 R U' R'			

3. 调整顶层棱角方向（OLL）

OLL 是在前两层完成后将全部棱块与角块的色向调整为正确状态的方法，共有 57 种状态，完成 OLL 的平均步数约为 9.7 步。非对称的 OLL 出现概率为 1/54，中心对称的 OLL 出现概率为 1/108，90°旋转对称的 OLL 出现概率为 1/216，OLL Skip 的概率为 1/216。

021

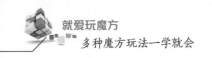
三阶魔方 OLL 公式			
R U2 R' U' R U' R'	R' U2 R U R' U R	R U R' U R U' R' U R U2 R'	R U2 R2 U' R2 U' R2 U2 R
Rw U R' U' Rw' F R F'	R2 D' R U2 R' D R U2 R	F' Rw U R' U' Rw' F R	Rw U R' U' M U R U' R'
R U R' U' M' U R U' Rw'	R U R' U' R' F R2 U R' U' F'	R U R' U' R' F R F' R U2 R'	F R U' R' U' R U R' F'
R U2 R2 F R F' R U2 R'	R U2 R2 U' R U' R' U2 F R F'	F R U R' U' R F' Rw U R' U' Rw'	Fw (R U R' U')2 Fw'
R' U' R U R' U F' U F R	Rw U' Rw' U' Rw U Rw' F' U F	R' F R U R' U' F' U' F	Rw U Rw' R U R' U' Rw U' Rw'

（续）

三阶魔方 OLL 公式			
Rw' U' Rw R' U' R U Rw' U Rw	R' F R2 B' R2 F' R2 B R'	R B' R2 F R2 B R2 F' R	Rw' U2 R U R' U' R U R' U Rw
Rw U2 R' U' R U R' U' R U' Rw'	F (R U R' U')2 F'	R' U' (R' F R F')2 U R	L F' L' U' L U F U' L'
R' F R U R' U' F' U R	Rw' U' R U' R' U2 Rw	Rw U R' U R U2 Rw'	y' F R U R' U' F' U F R U R' U' F'
Rw U R' U R' F R F' R U2 Rw'	F R' F R2 U' R' U' R U R' F2	R' F R F' R U2 R' U' F' U' F	R U R' U R U2 R' F R U R' U' F'
R' U' R U' R' U2 R F R U R' U' F'	F R U R' U' S R U R' U' Fw'	R U2 R2 F R F' U2 R' F R F'	Fw R U R' U' Fw' U' F R U R' U' F

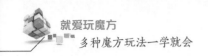
(续)

三阶魔方 OLL 公式

Fw R U R' U' Fw' U F R U R' U' F'	M U R U R' U' Rw R2 F R F'	Rw U R' U R U2 Rw2 U' R U' R' U2 Rw	R U R' U R' F R F' U2 R' F R F'
M U R U R' U' M2 U R U' Rw'	y' R' U' F' U F R	F U R U' R' F'	y' S R U R' U' Fw' U F
S R U R' U' R' F R Fw'	Rw U2 R' U' R U' Rw'	Rw' U2 R U R' U Rw	F R U R' U' R' F' Rw U R U' Rw'
R' U' R' F R F' U R	R U R' U' R' F R F'	F R U R' U' F'	R U R' U R U' R' U' R' F R F'
R' U' R U' R' U R U x' R U' R U			

4. 还原顶层（PLL）

PLL 是在不影响顶层棱块和角块色向的状态下调整它们位置的方法，共有 21 种状态，完成 PLL 的平均步数约为 11.8 步。非对称的 PLL 出现概率为 1/18，中心对称的 PLL 出现概率为 1/36，90°旋转对称的 PLL 出现概率为 1/72，PLL Skip 的概率为 1/72。

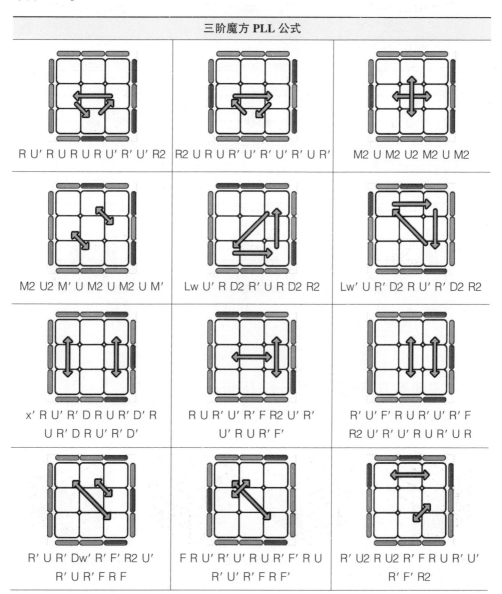

三阶魔方 PLL 公式

R U' R U R U R U' R' U' R2	R2 U R U R' U' R' U' R' U R'	M2 U M2 U2 M2 U M2
M2 U2 M' U M2 U M2 U M'	Lw U' R D2 R' U R D2 R2	Lw' U R' D2 R U' R' D2 R2
x' R U' R' D R U R' D' R U R' D R U' R' D'	R U R' U' R' F R2 U' R' U' R U R' F'	R' U' F' R U R' U' R' F R2 U' R' U' R U R' U R
R' U R' Dw' R' F' R2 U' R' U R' F R F	F R U' R' U' R U R' F' R U R' U' R' F R F'	R' U2 R U2 R' F R U R' U' R' F' R2

025

(续)

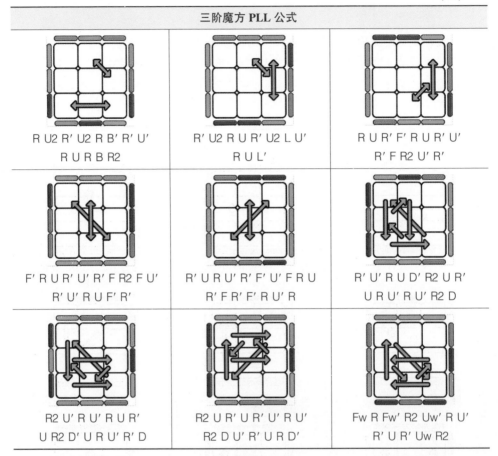

三阶魔方 PLL 公式		
R U2 R' U2 R B' R' U' R U R B R2	R' U2 R U R' U2 L U' R U L'	R U R' F' R U R' U' R' F R2 U' R'
F' R U R' U' R' F R2 F' U' R' U' R U R U F' R'	R' U R U R' F' U' F R U R' F R F' R U' R	R' U' R U D' R2 U R' U R U' R U' R2 D
R2 U' R U' R U R' U R2 D' U' R U' R' D	R2 U R' U' R' U' R U R2 D U' R' U R D'	Fw R Fw' R2 Uw' R U' R' U R U' Uw R2

2.5 三阶魔方桥式法 (Roux Method)

三阶魔方桥式法还原步骤			
❶ 还原2/3层	❷ 还原相对的2/3层	❸ 还原顶层角块（CMLL）	❹ 还原顶层和中层棱块（6E4C）

1. 还原 2/3 层

这一步将要还原 L 面的 2/3 层，形成一个 2 × 3 块。

构造 2 × 3 块的方式有两种：

① 先围绕一个中心块构造 2 × 2 块，再扩展成 2 × 3 块，这种构造方式比较灵活，有 4 个方向的 1 × 2 块可以选择；

② 先分别构造两个 1 × 3 块，然后进行拼合，这种构造方式固定，两个 1 × 3 块只有一种拼合方式。

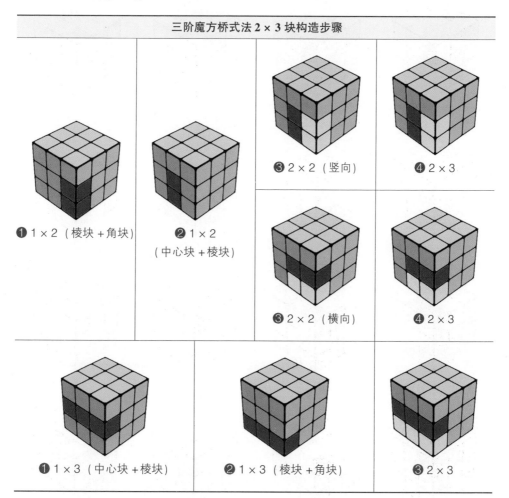

三阶魔方桥式法 2 × 3 块构造步骤

❶ 1 × 2（棱块 + 角块）　❷ 1 × 2（中心块 + 棱块）　❸ 2 × 2（竖向）　❹ 2 × 3

❸ 2 × 2（横向）　❹ 2 × 3

❶ 1 × 3（中心块 + 棱块）　❷ 1 × 3（棱块 + 角块）　❸ 2 × 3

三阶魔方桥式法 1×2 块构造公式

R	F′	R′ U R2	F U′ F2
F U2 F′	F U F′	R′ U′ R	R′ U2 R
F U2 F2	R′ U2 R2	R F U	R′ U R F′
F′ R′ U′	F′ R U2	L U	B U2
L′ U2	B′ U′	F U′ R2	F U R

（续）

三阶魔方桥式法 1×2 块构造公式			
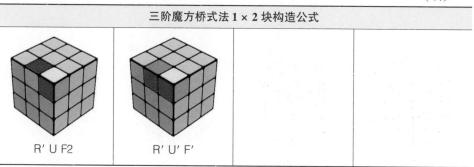			
R' U F2	R' U' F'		

2. 还原相对的 2/3 层

这一步将要完成另一组 2×3 块，与第一组 2×3 块相对。

构造方式与第一组 2×3 块相同，先构造出 2×2 块，然后扩展成 2×3 块。

三阶魔方桥式法 2×2 块构造公式			
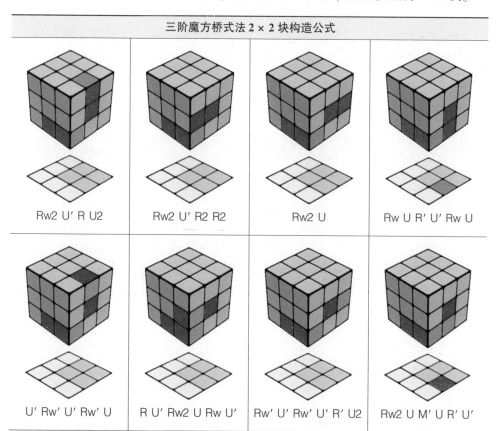			
Rw2 U' R U2	Rw2 U' R2 R2	Rw2 U	Rw U R' U' Rw U
U' Rw' U' Rw' U	R U' Rw2 U Rw U'	Rw' U' Rw' U' R' U2	Rw2 U M' U R' U'

（续）

三阶魔方桥式法 2 × 2 块构造公式

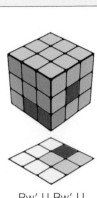

Rw' U Rw' U

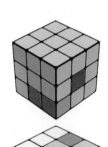

Rw2 U' R' U2

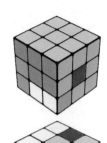

M U M' Rw U'

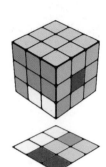

Rw U' M' U' R U

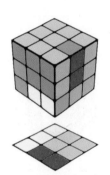

Rw U'

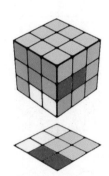

Rw2 U' R U Rw' U'

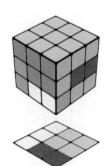

Rw U R' U2

Rw U R2 U2

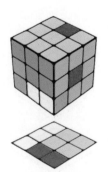

U Rw U R U2

Rw U Rw U R U

Rw' U Rw U Rw U'

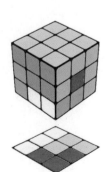

R2 U Rw U' R' U2

（续）

三阶魔方桥式法 2 × 2 块构造公式

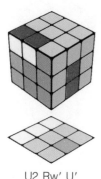

U2 Rw' U'

U2 Rw' U R2 U2

U R' F' U' F

Rw U2 R' U R U2

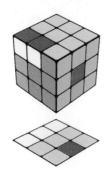

U R F' U' F

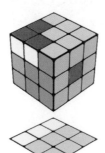

Rw' U' Rw2 U Rw' U

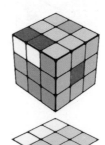

U R2 U Rw' U'

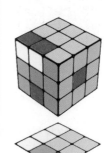

U2 Rw2 U Rw U'

U2 Rw' U R U2

U2 Rw2 U' Rw U'

U' M U R' U'

U' Rw U M' U'

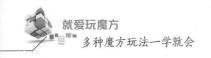

（续）

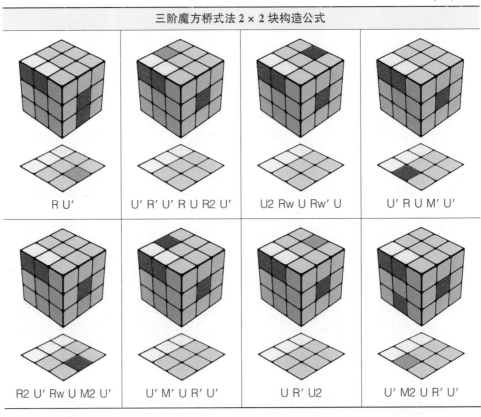

三阶魔方桥式法2×2块构造公式			
R U′	U′ R′ U′ R U R2 U′	U2 Rw U Rw′ U	U′ R U M′ U′
R2 U′ Rw U M2 U′	U′ M′ U R′ U′	U R′ U2	U′ M2 U R′ U′

3. 还原顶层角块（CMLL）

这一步将要还原顶层的 4 个角块，不考虑中层及顶层棱块。CMLL 共有 42 种状态，完成 CMLL 的平均步数约为 9.2 步。非对称的 CMLL 出现概率为 2/81，对称的 CMLL 出现概率为 1/81，CMLL Skip 的概率为 1/162。

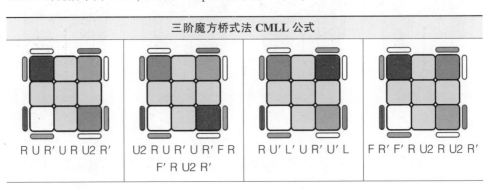

三阶魔方桥式法 CMLL 公式			
R U R′ U R U2 R′	U2 R U R′ U′ R′ F R F′ R U2 R′	R U′ L′ U R′ U′ L	F R′ F′ R U2 R U2 R′

（续）

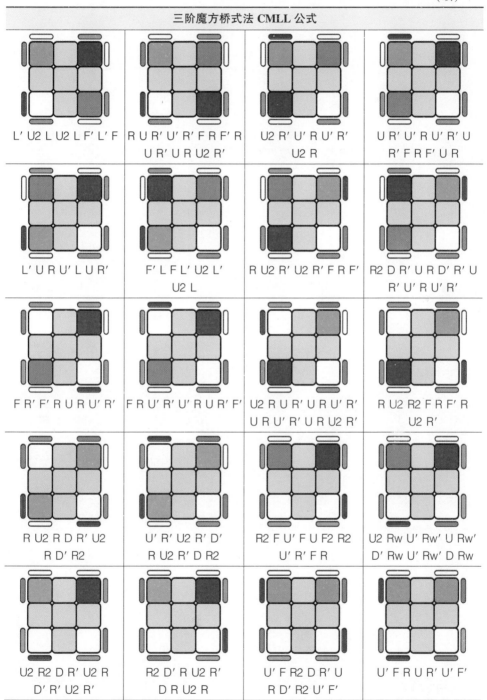

三阶魔方桥式法 CMLL 公式

L' U2 L U2 L F' L' F

R U R' U' R' F R F' R U R' U R U2 R'

U2 R' U' R U R' U2 R

U R' U' R U' R' U R' F R F' U R

L' U R U' L U R'

F' L F L' U2 L' U2 L

R U2 R' U2 R' F R F'

R2 D R' U R D' R' U R' U' R U' R'

F R' F' R U R U' R'

F R U' R' U' R U R' F'

U2 R U R' U' R U' R' U R U' R' U R U2 R'

R U2 R2 F R F' R U2 R'

R U2 R D R' U2 R D' R2

U' R' U2 R' D' R U2 R' D R2

R2 F U' F U F2 R2 U' R' F R

U2 Rw U' Rw' U Rw' D' Rw U' Rw' D Rw

U2 R2 D R' U2 R D' R' U2 R'

R2 D' R U2 R' D R U2 R

U' F R2 D R' U R D' R2 U' F'

U' F R U R' U' F'

033

（续）

三阶魔方桥式法 CMLL 公式

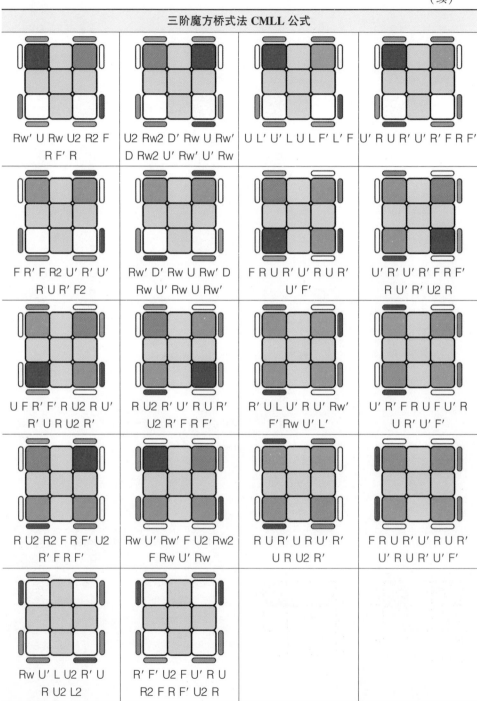

Rw′ U Rw U2 R2 F R F′ R	U2 Rw2 D′ Rw U Rw′ D Rw2 U′ Rw′ U′ Rw	U L′ U′ L U L F′ L′ F	U′ R U R′ U′ R′ F R F′
F R′ F R2 U′ R′ U′ R U R′ F2	Rw′ D′ Rw U Rw′ D Rw U′ Rw U Rw′	F R U R′ U′ R U R′ U′ F′	U′ R′ U′ R′ F R F′ R U′ R′ U2 R
U F R′ F′ R U2 R U′ R′ U R U2 R′	R U2 R′ U′ R U R′ U2 R′ F R F′	R′ U L U′ R U′ Rw′ F′ Rw U′ L′	U′ R′ F R U F U′ R U R′ U′ F′
R U2 R2 F R F′ U2 R′ F R F′	Rw U′ Rw′ F U2 Rw2 F Rw U′ Rw	R U R′ U R U′ R′ U R U2 R′	F R U R′ U′ R U R′ U′ R U R′ U′ F′
Rw U′ L U2 R′ U R U2 L2	R′ F′ U2 F U′ R U R2 F R F′ U2 R		

4. 还原顶层和中层棱块（6E4C）

这一步将要调整中心块的位置并还原中层和顶层的 6 个棱块，6E4C 通常分为三个步骤来完成。

三阶魔方桥式法 6E4C 步骤		

❶ 调整棱块色向	❷ 还原 UL 和 UR 棱块	❸ 还原中层棱块

（1）调整棱块色向

棱块色向根据棱块在顶面或底面的颜色来判断，棱块在顶面或底面的颜色为白色或黄色则方向正确；否则方向错误，需要调整。关于三阶魔方色向的定义见 2.7 "三阶魔方盲拧四步法"。

三阶魔方桥式法 6E4C 调整棱块色向公式			

U M' U M U' M' U M'	M' U M U' M' U M'	M' U M U' U' M' U M'	M U' M' U2 M U M'
		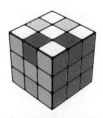	
M' U M' U2 M' U M'	M' U' M' U2 M' U' M'	M U M U2 M U M'	U2 M' U M U M' U' M'

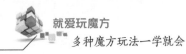

（续）

三阶魔方桥式法 **6E4C** 调整棱块色向公式			

U M' U M U' U'	M' U M U' U'	U' M' U M U' M'	M' M' U M U M
U' M' U M' U M'	U2 M' U M' U M U'	U M' U M' U M U'	M' U M'
U' M' U M'	U2 M' U M'	U M' U M'	U2 M U M'
U M U M'	M U M'	U' M U M'	M2 U M U M'
M2 U' M' U' M'	M2 U M' U M'	M2 U' M U M'	U M U2 M' U2 M' U M'

（续）

三阶魔方桥式法 6E4C 调整棱块色向公式			

M' U2 M' U2 M' U M'	M' U2 M' U2 M' U M'	M' U M' U2 M' U M U M' U M'	

※图示紫色棱块为色向错误的棱块

（2）还原 UL 和 UR 棱块

三阶魔方桥式法 6E4C 还原顶层棱块公式			
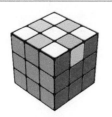			
完成状态	U M2 U2 M2 U	M2 U' M2 U	M2 U M2 U'
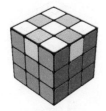		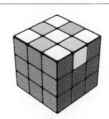	
M2 U M' U2 M' U	M2 U' M U2 M' U'	M2 U' M' U2 M U'	M2 U M U2 M' U
		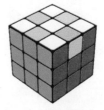	
M2 U' M' U2 M' U'	M2 U M U2 M U	M2 U' M U2 M U'	M2 U M' U2 M U

（续）

三阶魔方桥式法 6E4C 还原顶层棱块公式

U2 M′ U2 M′ U M2 U′	M′ U2 M U′ M2 U′	M′ U2 M′ U′ M2 U′	U2 M′ U2 M U M2 U′
U′ M′ U2 M U′	U M U2 M′ U	U M U2 M U	U′ M′ U2 M′ U′
U2 M′ U2 M′ U′ M2 U	U′ M U2 M U′	M′ U2 M′ U M2 U	U M′ U2 M U
M′ U2 M U M2 U	U M′ U2 M′ U	U2 M′ U2 M U′ M2 U′	U′ M U2 M′ U′
U M2 U′	U′ M2 U		

※图示橙色棱块为 UL 棱块，粉色棱块为 UR 棱块

（3）还原中层棱块

三阶魔方桥式法 **6E4C** 还原中层棱块公式			
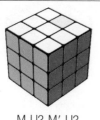			
M U2 M′ U2	U2 M U2 M′	U2 M2 U2 M2	M′ E2 M′ E2

2.6 三阶魔方 CFCE 法

三阶魔方 CFCE 法还原步骤			
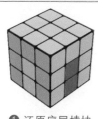			
❶ 还原底层棱块 （Cross）	❷ 还原两层 （F2L）	❸ 还原顶层角块 （CLL）	❹ 还原顶层棱块 （ELL）

1. 还原底层棱块（Cross）

这一步将要还原底层的 4 个棱块。任意状态的三阶魔方都可以通过不超过 8 次转动来完成 Cross，还原 Cross 的平均步数约为 6.5 步。

三阶魔方 CFCE 法 Cross 两棱公式			
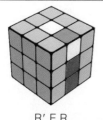	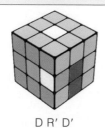		
R′ F R	D R′ D′	U′ R′ F R	y′ R′ Uw R′

（续）

三阶魔方 CFCE 法 Cross 两棱公式

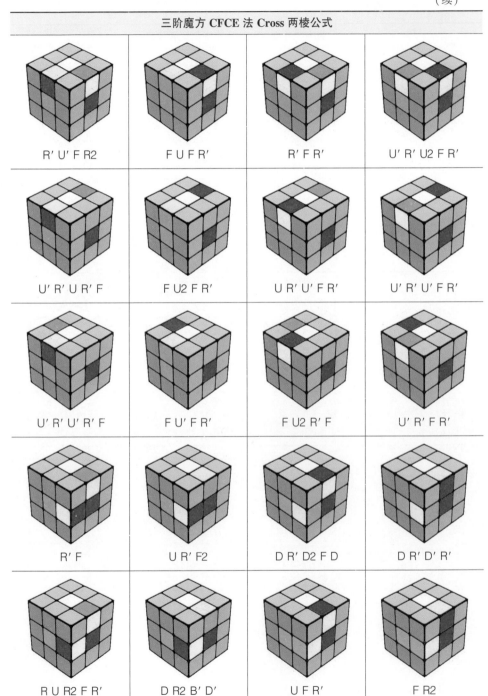

R′ U′ F R2	F U F R′	R′ F R′	U′ R′ U2 F R′
U′ R′ U R′ F	F U2 F R′	U R′ U′ F R′	U′ R′ U′ F R′
U′ R′ U R′ F	F U′ F R′	F U2 R′ F	U′ R′ F R′
R′ F	U R′ F2	D R′ D2 F D	D R′ D′ R′
R U R2 F R′	D R2 B′ D′	U F R′	F R2

（续）

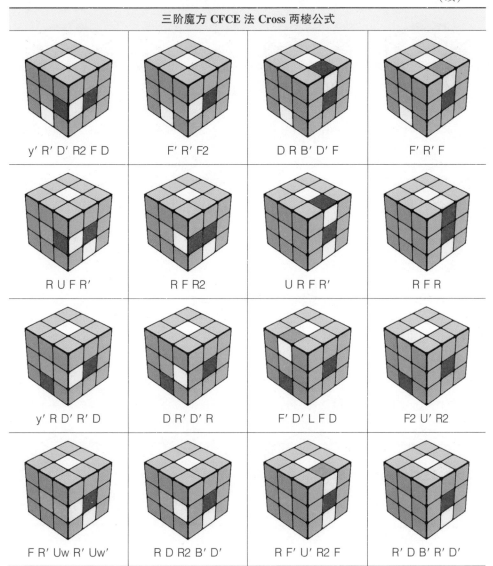

三阶魔方 CFCE 法 Cross 两棱公式				
y' R' D' R2 F D	F' R' F2	D R B' D' F	F' R' F
R U F R'	R F R2	U R F R'	R F R
y' R D' R' D	D R' D' R	F' D' L F D	F2 U' R2
F R' Uw R' Uw'	R D R2 B' D'	R F' U' R2 F	R' D B' R' D'

2. **还原两层（F2L）**

　　F2L 是在 Cross 完成后同时完成一组底层角块和中层棱块的方法，标准的 F2L 共有 41 种状态，完成一组 F2L 的平均步数约为 6.7 步，完成 4 组 F2L 的平均步数约为 26.8 步。

三阶魔方 CFCE 法 F2L 公式

F R' F' R

R U' R' U2 F' U' F

Rw' U2 R2 U R2 U Rw

U' Rw U' R' U R U Rw'

R' U2 R2 U R2 U R

U' R U' R' U R U R'

R U R'

U' R U R' U R U R'

y' U R' U R U' R' U' R

U' R U2 R' U F' U' F

U' R U' R' U F' U' F

F' U' F

R U R' U2 R U' R' U
R U' R'

U R U' R'

U' R U R' U2 R U' R'

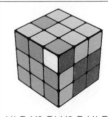
U' R U2 R' U2 R U' R'

y' R' U2 R U R U' R

U' R U R2 F R F' R U' R'

U R U2 R' U' R U' R'

R U' R' U2 R U R'

（续）

三阶魔方 CFCE 法 F2L 公式

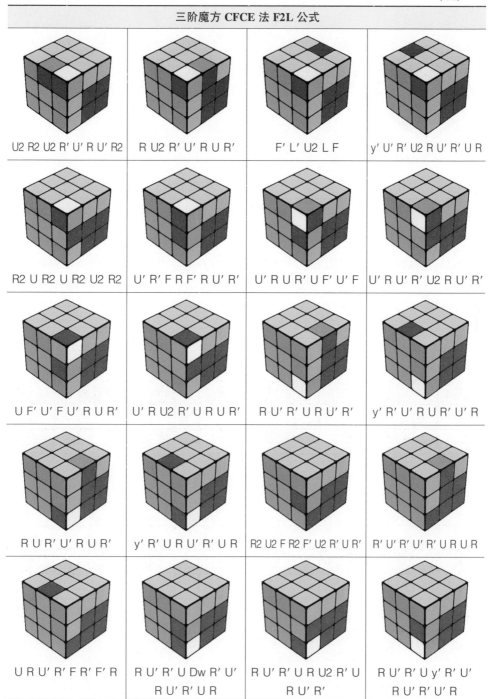

U2 R2 U2 R' U' R U' R2	R U2 R' U' R U R'	F' L' U2 L F	y' U' R' U2 R U' R' U R
R2 U R2 U R2 U2 R2	U' R' F R F' R U' R'	U' R U R' U F' U' F	U' R U' R' U2 R U' R'
U F' U' F U' R U R'	U' R U2 R' U R U R'	R U' R' U R U' R'	y' R' U' R U R' U' R
R U R' U' R U R'	y' R' U R U' R' U R	R2 U2 F R2 F' U2 R' U' R'	R' U' R' U' R' U R U R
U R U' R' F R F' R	R U' R' U Dw R' U' R U R' U R	R U' R' U R U2 R' U R U' R'	R U' R' U y' R' U' R U R' U' R

（续）

三阶魔方 CFCE 法 F2L 公式			
 R U′ R′ U′ R U R′ U2 R U′ R′			

3. 还原顶层角块（CLL）

CLL 是在前两层完成后将 4 个角块还原的方法，共有 42 种状态，完成 CLL 的平均步数约为9.18 步。非对称的 CLL 出现概率为2/81，对称的 CLL 出现概率为 1/81，CLL Skip 的概率为 1/162。

三阶魔方 CFCE 法 CLL 公式			
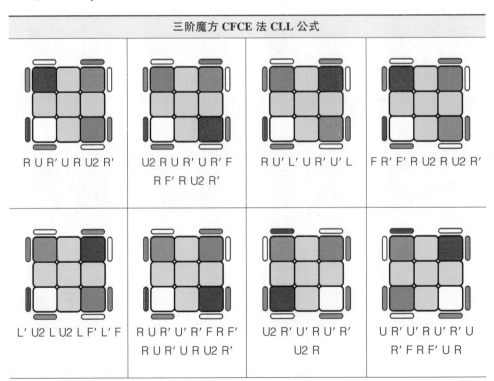			
R U R′ U R U2 R′	U2 R U R′ U R′ F R F′ R U2 R′	R U′ L′ U R′ U′ L	F R′ F′ R U2 R U2 R′
L′ U2 L U2 L F′ L′ F	R U R′ U′ R′ F R F′ R U R′ U R U2 R′	U2 R′ U′ R U R′ U2 R	U R′ U′ R U R′ U R′ F R F′ U R

（续）

三阶魔方 CFCE 法 CLL 公式			

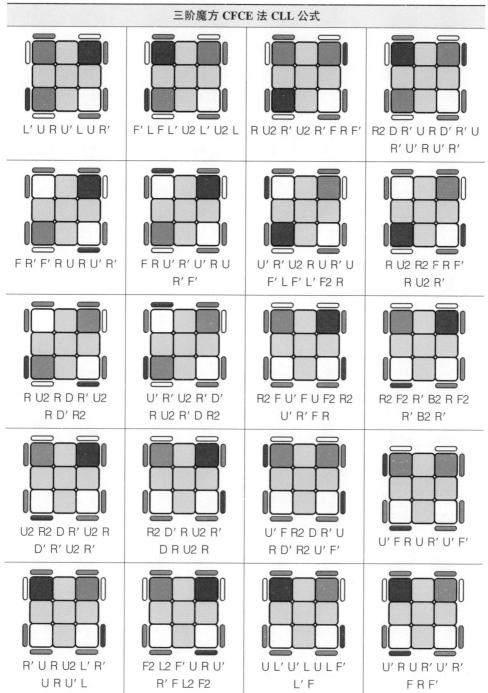

L′ U R U′ L U R′	F′ L F L′ U2 L′ U2 L	R U2 R′ U2 R′ F R F′	R2 D R′ U R D′ R′ U R′ U′ R U′ R′
F R′ F′ R U R U′ R′	F R U R′ U′ U R R′ F′	U′ R′ U2 R U R′ U F′ L F′ L′ F2 R	R U2 R2 F R F′ R U2 R′
R U2 R D R′ U2 R D′ R2	U′ R′ U2 R′ D′ R U2 R′ D R2	R2 F U′ F U F2 R2 U′ R′ F R	R2 F2 R′ B2 R F2 R′ B2 R′
U2 R2 D R′ U2 R D′ R′ U2 R′	R2 D′ R U2 R′ D R U2 R	U′ F R2 D R′ U R D′ R2 U′ F′	U′ F R U R′ U′ F′
R′ U R U2 L′ R′ U R U′ L	F2 L2 F′ U R U′ R′ F L2 F2	U L′ U′ L U L F′ L′ F	U′ R U R′ U′ R′ F R F′

（续）

三阶魔方 CFCE 法 CLL 公式

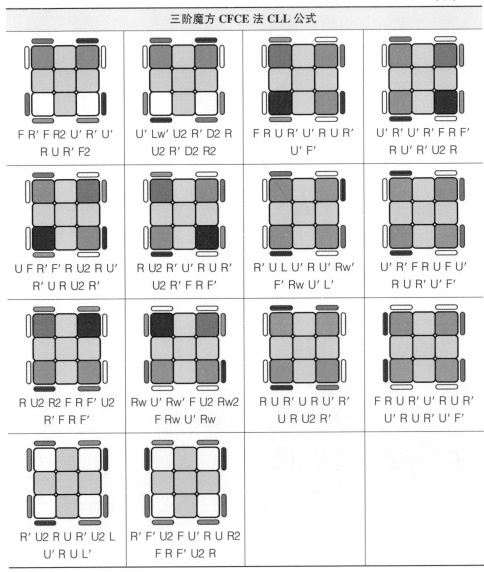

F R′ F R2 U′ R′ U′ R U R′ F2

U′ Lw′ U2 R′ D2 R U2 R′ D2 R2

F R U R′ U′ U R U′ F′

U′ R′ U′ R′ F R F′ R U R′ U2 R

U F R′ F′ R U2 R U′ R′ U R U2 R′

R U2 R′ U′ R U R′ U2 R′ F R F′

R′ U L U′ R U′ Rw′ F′ Rw U′ L′

U′ R′ F R U F U′ R U R′ U′ F′

R U2 R2 F R F′ U2 R′ F R F′

Rw U′ Rw′ F U2 Rw2 F Rw U′ Rw

R U R′ U R U′ U R U2 R′

F R U R′ U′ R U R′ U′ R U R′ U′ F′

R′ U2 R U R′ U2 L U′ R U L′

R′ F′ U2 F U′ R U R2 F R F′ U2 R

4. 还原顶层棱块（ELL）

ELL 是完成前两层和顶层角块后还原顶层 4 个棱块的方法，共有 29 种状态，其中包括 4 种 PLL 状态，完成 ELL 的平均步数约为 11.27 步。非对称的 ELL 出现概率为 1/24，中心对称的 ELL 出现概率为 1/48，90°旋转对称的 ELL 出现概率为 1/96，ELL Skip 的概率为 1/96。

三阶魔方 CFCE 法 ELL 公式

M' U M' U M' U2 M U M U M U2	Rw U R' U' Rw' U2 R U R U' R2 U2 R	M' U2 M U2 M' U' M U2 M' U2 M U	M2 U' M2 U2 M2 U' M2
M' U M2 U2 M' U M' U2 M' U' M U' M	M' U' M U' M' U' M U' M' U' M U	M' U2 M' U2 M' U' M U2 M U2 M U	M2 U' M2 U' M2 x' U2 M2 U2
M' U M U' M' U M U M' U2 M	y M' U' M U M' U' M U' M' U2 M	M U' M' U2 M U' M U' M' U2 M U' M' U2 M U' M2	y2 M' U M U M' U2 M U' M' U' M
M U' M' U2 M U' M2 U M U2 M' U M	M2 U M U2 M' U M2	y' R U R' U' M' U R U' Rw'	M2 U' M' U2 M U M' U' M U2 M U M
M' U' M U' M' U2 M' U' M' U' M U' M' U' M'	M' U M' U2 M' U' M U M' U2 M U' M2	y' M' U M' U2 M U M2 U M' U'	y' Rw' U' R U M' U' R' U R

三阶魔方 CFCE 法 ELL 公式

M U' M' U2 M U' M'

M2 U' M U2 M' U' M2

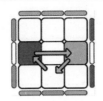
y' R' U' R U M U' R' U Rw

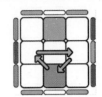
M2 U M' U2 M U' M' U M U2 M U' M

M' U M U M' U2 M' U M' U M U M' U M'

y M' U' M' U2 M U' M2 U' M' U

M' U' M' U2 M' U M U' M' U2 M U M2

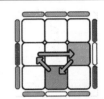
M U M' U2 M U M'

y' Rw U R' U' M U R U' R'

2.7 三阶魔方盲拧四步法

三阶魔方盲拧四步法还原步骤

❶ 调整棱块色向

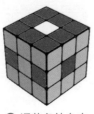
❷ 调整角块色向

❸ 还原棱块

❹ 还原角块

048

1. 色向定义

三阶盲拧通常需要一个固定的摆放方向来进行编码和还原，魔方的摆放方向固定以后，各个块的方向也随之确定。将魔方上的 6 个面定义为 3 个等级：高级面、中级面、低级面。6 种颜色也定义为 3 个等级：高级色、中级色、低级色。

高级面：U 面和 D 面。

中级面：F 面和 B 面。

低级面：L 面和 R 面。

高级色：与 U 面中心或 D 面中心相同的颜色。

中级色：与 F 面中心或 B 面中心相同的颜色。

低级色：与 L 面中心或 R 面中心相同的颜色。

每个角块上都有一个高级色，并且它的一个面为高级面；每个棱块上都有一个高级色或中级色，并且它的一个面为高级面或中级面。如果一个块上的最高等级的颜色在它最高等级的面上，说明这个块的色向正确，否则色向错误。

角块的色向有三种状态：色向正确、需要逆时针旋转 120°、需要顺时针旋转 120°。棱块的色向有两种状态：色向正确、色向错误（需要旋转 180°）。

2. 编码定义

盲拧四步法需要为 12 个棱块和 8 个角块进行编码，每个块用 1 个编码表示。使用盲拧四步法还原三阶魔方大约需要记忆 30 个编码。

棱块：顶层 UF、UL、UB、UR 棱块编码分别为 1、2、3、4；底层 DF、DL、DB、DR 棱块编码分别为 5、6、7、8；中层 FL、BL、BR、FR 编码分别为 9、0、A、B。

角块：顶层 UFL、UBL、UBR、UBL 编码分别为 1、2、3、4；底层 DFL、DBL、DBR、DBL 编码分别为 5、6、7、8。

三阶魔方盲拧四步法编码定义

棱块编码定义　　　　　　　　角块编码定义

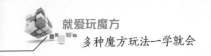

3. 缓冲块

盲拧四步法利用缓冲块参与的三循环公式进行还原，缓冲块为置换公式的起始块。棱块缓冲块选择 UF 块，角块缓冲块选择 UFL 块。

三循环公式指只交换魔方三个同类块的公式。在盲拧还原方法中，通常使用 ABA′B′ 形态的叠加公式来完成三循环（A 和 B 分别为两个简短的公式）。使用三循环公式可以高效地完成盲拧还原，同时也容易理解和记忆。

4. 色向编码方法

棱块色向编码：按照编码顺序观察棱块色向，色向正确的棱块记为 0，色向错误的棱块记为 1，得到 12 个编码，色向错误的棱块数量一定为偶数。

角块色向编码：按照编码顺序观察角块色向，色向正确的角块记为 0，需要顺时针旋转的角块记为 1，需要逆时针旋转的角块记为 2，得到 8 个编码，角块色向编码的总和一定为 3 的倍数。

三阶魔方盲拧四步法色向编码实例
编码方向白色为 U 面、绿色为 F 面 高级色为白色和黄色、中级色为绿色和蓝色、低级色为红色和橙色

U2 R2 F2 D′ L2 D B2 F2
R2 U L′ B′ D′ F2 L′
D2 R2 U2 B′ F2 D

UF 棱（绿红），绿色在U面，色向正确，记为 0

UL 棱（白绿），白色在L面，色向错误，记为 1

UB 棱（绿橙），绿色在B面，色向错误，记为 1

UR 棱（蓝红），蓝色在U面，色向正确，记为 0

DF 棱（蓝橙），蓝色在F面，色向错误，记为 1

DL 棱（黄橙），黄色在L面，色向错误，记为 1

DB 棱（黄蓝），黄色在D面，色向正确，记为 0

DR 棱（白红），白色在R面，色向错误，记为 1

FL 棱（白蓝），白色在L面，色向错误，记为 1

BL 棱（白橙），白色在L面，色向错误，记为 1

BR 棱（黄红），黄色在R面，色向错误，记为 1

FR 棱（黄绿），黄色在F面，色向正确，记为 0

棱块色向编码：0110 1101 1110

角块色向编码：2101 1100

(续)

三阶魔方盲拧四步法色向编码实例
编码方向白色为 U 面、绿色为 F 面
高级色为白色和黄色、中级色为绿色和蓝色、低级色为红色和橙色

R D′ B2 L F L U′ D L′
R2 D2 L2 F D2 B L2 F′
B′ R2 U2

UFL 角（白绿橙）：白色在 U 面，色向正确，记为 0
UBL 角（黄绿橙）：黄色在 B 面，需顺时针旋转，记为 1
UBR角（黄蓝橙）：黄色在 R 面，需顺时针旋转，记为 1
UFR 角（黄蓝红）：黄色在 U 面，色向正确，记为 0
DFL 角（白绿红）：白色在 L 面，需逆时针旋转，记为 2
DBL 角（黄绿红）：黄色在 D 面，色向正确，记为 0
DBR角（白蓝红）：白色在 D 面，色向正确，记为 0
DFR角（白蓝橙）：白色在 F 面，需逆时针旋转，记为 2
角块色向编码：0110 2002
棱块色向编码：0000 0111 0001

5. 位置编码方法

① 从任意一个未编码的块开始（通常为缓冲块），记下这个位置的编码。
② 观察当前位置上的块，找到它的正确位置，记下这个位置的编码。
③ 重复步骤②，直到编码至第一个观察的块，完成一组编码循环。
④ 重复步骤①～③，直到对所有块都完成了编码，位置正确的块不编码。

三阶魔方盲拧四步法位置编码实例
编码方向白色为 U 面、绿色为 F 面

U2 R2 F2 D′ L2 D B2
F2 R2 U L′ B′ D′ F2
L′ D2 R2 U2 B′ F2 D

(1) 从 UF 棱（缓冲块）开始编码，编码为 1
观察 UF 棱（绿红），它的正确位置为 FR，编码为 B
观察 FR 棱（黄绿），它的正确位置为 DF，编码为 5
观察 DF 棱（蓝橙），它的正确位置为 BL，编码为 0
观察 BL 棱（白橙），它的正确位置为 UL，编码为 2
观察 UL 棱（白绿），它的正确位置为 UF，编码为 1
回到起始编码，完成一组循环，编码为 1B5021

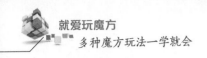

就爱玩魔方
多种魔方玩法一学就会

(续)

三阶魔方盲拧四步法位置编码实例
编码方向白色为 U 面、绿色为 F 面

U2 R2 F2 D′ L2 D B2
F2 R2 U L′ B′ D′ F2
L′ D2 R2 U2 B′ F2 D

(2) 棱块编码未完成，继续从任意一个未编码的块开始

从 UB 棱开始编码，编码为 3

观察 UB 棱（绿橙），它的正确位置为 FL，编码为 9

观察 FL 棱（白蓝），它的正确位置为 UB，编码为 3

回到起始编码，完成一组循环，编码为 393

(3) 棱块编码未完成，继续从任意一个未编码的块开始

从 UR 棱开始编码，编码为 4

观察 UR 棱（蓝红），它的正确位置为 BR，编码为 A

观察 BR 棱（黄红），它的正确位置为 DR，编码为 8

观察 DR 棱（白红），它的正确位置为 UR，编码为 4

回到起始编码，完成一组循环，编码为 4A84

(4) DL 棱、DB 棱位置正确，不进行编码

(5) 全部棱块编码完成

棱块位置编码：1B5021 393 4A84

R D′ B2 L F L U′ D
L′ R2 D2 L2 F D2
B L2 F′ B′ R2 U2

(1) UFL 角（缓冲块）位置正确，从任意一个位置错误的块开始

(2) 从 UBL 角开始编码，编码为 2

观察 UBL 角（黄绿橙），它的正确位置为 DFL，编码为 5

观察 DFL 角（白绿红），它的正确位置为 UFR，编码为 4

观察 UFR 角（黄蓝红），它的正确位置为 DBR，编码为 7

观察 DBR 角（白蓝红），它的正确位置为 UBR，编码为 3

观察 UBR 角（黄蓝橙），它的正确位置为 DBL，编码为 6

观察 DBL 角（黄绿红），它的正确位置为 DFR，编码为 8

观察 DFR 角（白蓝橙），它的正确位置为 UBL，编码为 2

回到起始编码，完成一组循环，编码为 25473682

(3) 全部角块编码完成

角块位置编码：25473682

6. 色向调整方法

棱块色向通常以 2 个或 4 个为一组进行翻色；角块色向通常以 2 个需反向翻转的角块或 3 个需同向翻转的角块为一组进行翻色。

不是标准公式状态的棱块或角块，可以通过少量转动来调整至标准状态（setup），调整后再转回原位（reverse），reverse 是 setup 的逆序步骤。

三阶魔方盲拧四步法色向调整公式			
角块色向调整基础公式			
	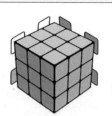		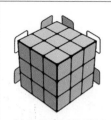
(U R U' R')2 L' (R U R' U')2 L	L' (U R U' R')2 L (R U R' U')2	z' (U R U' R')2 L2 (R U R' U') L2 z	z' L2 (U R U' R')2 L2 (R U R' U') z
角块色向调整进阶公式			
	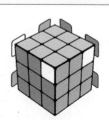	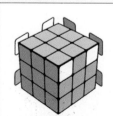	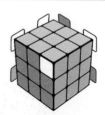
R' U' R2 U R2 U' R' U' R U R' U' R' U' R' U R U'	U' R U R2 U' R2 U R U R' U' R U R U R U' R' U2	R' U' R U' R' U R U' R' U2 R' U R U R' U' R' U' R' U R'	F (R U R' U')2 F' R U R' U' M' U R U' Rw'
		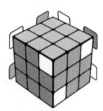	
(R' F R F' R U' R' U)2	(R U' R' U R' F R F')2	(R2 U' R U' R U')4	(R2 U R' U R' U)4

（续）

三阶魔方盲拧四步法色向调整公式

角块色向调整进阶公式

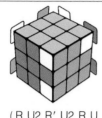		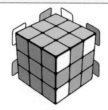	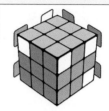
（R U2 R′ U2 R U R′ U′）2	（R′ U2 R U2 R′ U′ R U）2	（R U R′ U′ R U2 R′ U2）2	（R′ U R U R′ U2 R U2）2

棱块色向调整基础公式

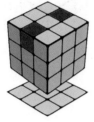	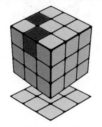	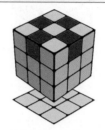	
（M′ U）3 U （M U）3 U	M2 U M U2 （M′ U）3 U M U M′	（M′ U）4 （M U）4	U R′ U′ R （M U）4 R′ U R U′

棱块色向调整进阶公式

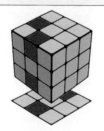		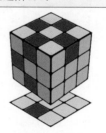	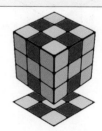
（M U′）4	（M U）4	（U R′ F R）5	（Rw R Bw B）3
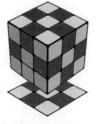			
[（M′ U）4 y x′] 3			

三阶魔方盲拧四步法色向调整实例
编码方向白色为 U 面、绿色为 F 面 高级色为白色和黄色、中级色为绿色和蓝色、低级色为红色和橙色

U2 R2 F2 D′ L2 D
B2 F2 R2 U L′ B′ D′
F2 L′ D2 R2 U2 B′ F2 D

(1) 棱块色向编码：0110 1101 1110

调整 23 棱：U′ M2 U M U2 (M′ U)3 U M U M′ U

调整 56 棱：z2 U M2 U M U2 (M′ U)3 U M U M′ U′ z2

调整 890A 棱：z′ U (M U)4 U′z

(2) 角块色向编码：2101 1100

调整 12 角：(U R U′ R′)2 L′ (R U R′ U′)2 L

调整 456 角：L2 U′ U′ R U R2 U′ R2 U R U R′ U′ R U R U′ R′ U2 U L2

R D′ B2 L F L U′ D
L′ R2 D2 L2 F D2 B L2
F′ B′ R2 U2

(1) 棱块色向编码：0000 0111 0001

调整 678B 棱：z2 F (M′ U)4 (M U)4 F′ z2

(2) 角块色向编码：0110 2002

调整 2358 角：F2 U2 F (R U R′ U′)2 F′ R U R′ U′ M′ U R U′ Rw′ U2 F2

※红色字体为 setup 和 reverse 步骤
※下画线字体为色向调整公式

7. 位置还原方法

盲拧四步法中使用 PLL 公式中棱块或角块的三循环公式对它们的位置进行交换，通常以 2 个编码为一组进行还原，每次还原 2 个棱块或角块，还原过程中忽略缓冲块编码。

不是标准公式状态的棱块或角块，可以通过少量转动来调整至标准状态（setup），调整后再转回原位（reverse），reverse 是 setup 的逆序步骤。位置还原时 setup 步骤要保持目标块的色向正确。

盲拧四步法中棱块和角块的位置编码数量一定同为偶数或同为奇数。同为偶数的情况下，可以只使用三循环 PLL 公式进行还原；同为奇数的情况下，使用三循环 PLL 公式进行还原时，将会剩余 1 个棱块编码和 1 个角块编码，需要进行一次奇偶校验操作。

奇偶校验的操作方法有两种：

- 通过 setup 将剩余的 1 个角块和 1 个棱块移至顶层，使用 PLL 公式还原，再进行 reverse；
- 角块编码和棱块编码后添加一个编码 2，使它们的编码数量均为偶数，还原后再使用 PLL 公式将编码 1 和 2 的角块、编码 1 和 2 的棱块还原。

三阶魔方盲拧四步法 PLL 公式		
基础公式		
	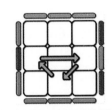	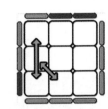
R U′ R U R U R U′ R′ U′ R2 棱块 1→4→2→1	R2 U R U R′ U′ R′ U′ R′ U R′ 棱块 1→2→4→1	L′ U′ L F L′ U′ L U L F′ L2 U L U 棱块 1↔2　角块 1↔2
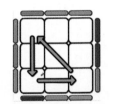	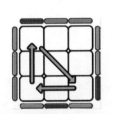	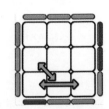
U′ R B′ R F2 R′ B R F2 R2 U 角块 1→4→2→1	L′ B L′ F2 L B L′ F2 L2 角块 1→2→4→1	U′ R U R′ F′ R U R′ U′ R′ F R2 U′ R′ 棱块 1↔2　角块 1↔4
进阶公式		
	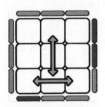	
U F R U′ R′ U′ R U R′ F′ R U R′ U′ R′ F R F′ U′ 棱块 1↔2　角块 1↔3	U′ R U R′ U′ R′ F R2 U′ R′ U′ R U R′ F′ U 棱块 1↔3　角块 1↔4	U2 R′ U′ F′ R U R′ U′ R′ F R2 U′ R′ U′ R U R′ U R U2 棱块 1↔3　角块 1↔2

（续）

三阶魔方盲拧四步法 PLL 公式		
进阶公式		
		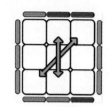
R U2 R' U2 L' U R U' L U' L' U R' U' L 棱块 1↔4　角块 1↔3	U' R U2 R' U2 R B' R' U' R U R B R2 U2 棱块 1↔4　角块 1↔2	U R' U R U' R' F' U' F R U R' F R F' R' U R U 棱块 1↔3　角块 1↔3

三阶魔方盲拧四步法棱块 setup 公式					
编码	setup	编码	setup	编码	setup
23/32	U'	24/42		25/52	D R2
26/62	D2 R2	27/72	B2 U'	28/82	R2
29/92	U' L'	20/02	U' L	2A/A2	R'
2B/B2	R	34/43	U	35/53	D' L2 U'
36/63	L2 U'	37/73	D L2 U'	38/83	R2 U
39/93	L' U'	30/03	L U'	3A/A3	R' U
3B/B3	R U	45/54	D' L2	46/64	L2
47/74	D L2	48/84	D2 L2	49/94	L'
40/04	L	4A/A4	U R'	4B/B4	U R
56/65	L2 D R2	57/75	D L2 R2	58/85	R2 D' L2
59/95	L' D R2	50/05	L D R2	5A/A5	R' D' L2
5B/B5	R D' L2	67/76	U' Lw2	68/86	L2 R2
69/96	L' U' L'	60/06	L U' L	6A/A6	L2 R'
6B/B6	L2 R	78/87	U Lw2	79/97	L' B2
70/07	L B2	7A/A7	R' B2	7B/B7	R B2
89/98	L' R2	80/08	L R2	8A/A8	R' U R'
8B/B8	R U R	90/09	z R U	9A/A9	L' R'
9B/B9	L' R	0A/A0	L R'	0B/B0	L R
AB/BA	z' L' U'				

三阶魔方盲拧四步法角块 setup 公式

编码	setup	编码	setup	编码	setup
23/32	U'	24/42		25/52	D2 R2
26/62	D' R2	27/72	R2	28/82	D R2
34/43	U	35/53	R2 D R2 U	36/63	D' R2 D B2
37/73	R2 D B2	38/83	D R2 D B2	45/54	D2 B2
46/64	D' B2	47/74	B2	48/84	D B2
56/65	D' B2 U'	57/75	R2 D2 B2	58/85	D R2 U
67/76	B2 U'	68/86	D' B2 D2 R2	78/87	R2 U

三阶魔方盲拧四步法实例

编码方向白色为 U 面、绿色为 F 面

高级色为白色和黄色、中级色为绿色和蓝色、低级色为红色和橙色

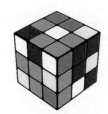

U2 R2 F2 D' L2 D B2
F2 R2 U L' B' D' F2
L' D2 R2 U2 B' F2 D

(1) 棱块色向调整

U' M2 U M U2 (M' U)3 U M U M' U
z2 U M2 U M U2 (M' U)3 U M U M' U' z2
z' U (M U)4 U' z

(2) 角块色向调整

(U R U' R')2 L' (R U' R U')2 L
L2 U' U' R U R2 U' R2 U R U R' U' R U R U U' R' U2
U L2

(3) 棱块位置调整

棱块位置编码：1B5021 393 4A84

忽略缓冲块编码：B5 02 39 34 A8 4

B5：R D' L2 R U' R U R U R' U' R2 L2 D R'

02：U' L R U' R U R U R U' R' U' R2 L' U

39：L' U' R U' R U R U R U' R' U' R2 U L

34：U R2 U R U R' U' R' U' R' U' R U'

A8：R' U R' R U' R U R U R U' R' U' R2 R U' R

棱块剩余编码：4

(4) 角块位置调整

角块位置编码：138256741

忽略缓冲块编码：38 25 67 4

38：D' R2 D R2 R B' R F2 R' B R F2 R2 R2 D' R2 D

25：D R2 U' L' B L' F2 L B' L' F2 L2 U R2 D'

（续）

三阶魔方盲拧四步法实例
编码方向白色为 U 面、绿色为 F 面 高级色为白色和黄色、中级色为绿色和蓝色、低级色为红色和橙色

67: D' R2 <u>R B' R F2 R' B R F2 R2</u> R2 D
角块剩余编码: 4

(5) 奇偶校验
棱块 1↔4，角块 1↔4
方法 1: setup 至顶层转换为 PLL 状态
U L' U' L F L' U' L U L F' L2 U L U U'
方法 2: 棱块和角块补编码 2，还原全部编码后，再交换
1、2 棱块和 1、2 角块
棱块编码 42，角块编码 42
棱块 42: <u>R U' R U R U R U' R' U'</u> R2
角块 42: U' <u>R B' R F2 R' B R F2 R2</u> U
棱块 1↔2，角块 1↔2: <u>L' U' L F L' U' L U L F' L2 U L U</u>

(1) 棱块色向编码: 0000 0111 0001
调整 678B 棱: z2 F <u>(M' U)4 (M U)4</u> F' z2

(2) 角块色向编码: 0110 2002
调整 2358 角: F2 U2 F <u>(R U R' U')2 F' R U R' U' M' U R U' Rw'</u> U2 F2

(3) 棱块位置调整
棱块位置编码: 17035B1 24962
忽略缓冲编码: 70 35 B2 49 62
70: L B2 U' <u>R U' R U R U R U' R' U'</u> R2 U B2 L'
35: D' L2 U' <u>R U' R U R U R U' R' U'</u> R2 U L2 D
B2: <u>R R U' R U R U R U' R' U'</u> R2 R'
49: L' <u>R U' R U R U R U' R' U'</u> R2 L
62: D2 R2 <u>R U' R U R U R U' R' U'</u> R2 R2 D2

(4) 角块位置调整
角块位置编码: 25473682
忽略缓冲块编码: 25 47 36 82
25: D R2 U' <u>L' B L' F2 L B' L'</u> F2 L2 U R2 D'
47: B2 U' <u>R B' R F2 R' B R F2 R2</u> U B2
36: D R2 D R2 <u>R B' R F2 R' B R F2 R2</u> D' R2 D'
82: R2 U2 <u>R B' R F2 R' B R F2 R2</u> U2 R2

(5) 棱块编码与角块编码均为偶数个，无奇偶校验

R D' B2 L F L U' D
L' R2 D2 L2 F D2 B
L2 F' B' R2 U2

※红色字体为 setup 和 reverse 步骤
※下画线字体为原始公式

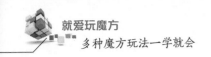
2.8 三阶魔方盲拧 M2R2 法

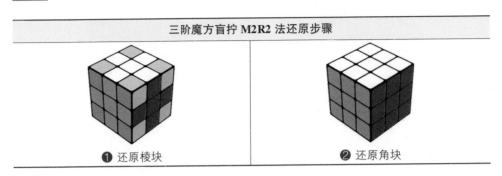

三阶魔方盲拧 M2R2 法还原步骤	
❶ 还原棱块	❷ 还原角块

1. 编码定义

盲拧 M2R2 法需要为 12 个棱块的 24 个面和 8 个角块的 24 个面进行编码，每个角块上有 3 个编码，每个棱块上有 2 个编码。使用盲拧 M2R2 法还原三阶魔方大约需要记忆 20 个编码。

棱块：顶层按照 UF、UL、UB、UR 的顺序，底层按照 DF、DL、DB、DR 的顺序，中层按照 FR、FL、BL、BR 的顺序，每个棱块按照 U/D 面、F/B 面、L/R 面的顺序进行编码。

角块：顶层按照 UFL、UBL、UBR、UBL 的顺序，底层按照 DFL、DBL、DBR、DBL 的顺序，每个角块从 U/D 面开始，按照顺时针的顺序进行编码。

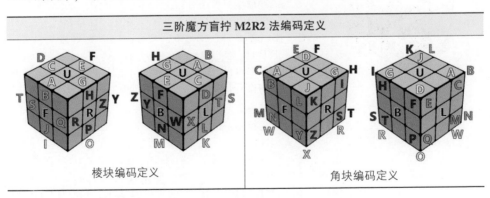

三阶魔方盲拧 M2R2 法编码定义	
棱块编码定义	角块编码定义

2. 缓冲块

盲拧 M2R2 法利用缓冲块参与的逐块公式进行还原，缓冲块为置换公式的起始块。棱块缓冲块选择 DF 块，角块缓冲块选择 DFR 块。

3. 编码方法

①从任意一个未编码的块开始（通常为缓冲块），选择这个块上的一面（缓冲块为 D 面），记下这个位置的编码。

②观察当前位置上的块，找到它的正确位置，记下这个位置的编码。

③重复步骤②，直到编码至第一个观察的块，完成一组编码循环。

④重复步骤①~③，直到对所有位置不正确的块都完成了编码。

⑤位置正确而方向错误的块，记忆它的翻色方向。

三阶魔方盲拧 M2R2 法编码实例
编码方向白色为 U 面、绿色为 F 面

U2 R2 F2 D' L2 D
B2 F2 R2 U L' B'
D' F2 L' D2 R2
U2 B' F2 D

棱块编码：

(1) 从 DF 棱（缓冲块）的 D 面开始，编码为 I
   观察 DF 棱的 D 面，它的正确位置为 BL 棱的 L 面，编码为 X
   观察 BL 棱的 L 面，它的正确位置为 UL 棱的 U 面，编码为 C
   观察 UL 棱的 U 面，它的正确位置为 UF 棱的 F 面，编码为 B
   观察 UF 棱的 F 面，它的正确位置为 FR 棱的 R 面，编码为 R
   观察 FR 棱的 R 面，它的正确位置为 DF 棱的 F 面，编码为 J
   回到起始块，完成一组循环，编码为 IXCBRJ

(2) 棱块编码未完成，继续从任意一个未编码的块开始
   从 UB 棱的 U 面开始，编码为 E
   观察 UB 棱的 U 面，它的正确位置为 FL 棱的 L 面，编码为 T
   观察 FL 棱的 L 面，它的正确位置为 UB 棱的 U 面，编码为 E
   回到起始块，完成一组循环，编码为 ETE

(3) 棱块编码未完成，继续从任意一个未编码的块开始
   从 UR 棱的 U 面开始，编码为 G
   观察 UR 棱的 U 面，它的正确位置为 BR 棱的 B 面，编码为 Y
   观察 BR 棱的 B 面，它的正确位置为 DR 棱的 R 面，编码为 P
   观察 DR 棱的 R 面，它的正确位置为 UR 棱的 U 面，编码为 G
   回到起始块，完成一组循环，编码为 GYPG

(4) DL 棱块方向错误，需要原地翻转，编码为 L

(5) 全部棱块编码完成
   棱块位置编码：IXCBRJETEGYPG
   棱块翻色编码：L

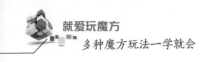

（续）

三阶魔方盲拧 **M2R2** 法编码实例
编码方向白色为 U 面、绿色为 F 面

角块编码：

(1) 从 DFR 角（缓冲块）的 D 面开始，编码为 X

观察 DFR 角的 D 面，它的正确位置为 DBL 角的 B 面，编码为 F

观察 DBL 角的 B 面，它的正确位置为 DFL 角的 D 面，编码为 W

观察 DFL 角的 D 面，它的正确位置为 UFR 角的 F 面，编码为 L

观察 UFR 角的 F 面，它的正确位置为 DBR 角的 B 面，编码为 T

观察 DBR 角的 B 面，它的正确位置为 UBR 角的 R 面，编码为 I

观察 UBR 角的 R 面，它的正确位置为 DBL 角的 D 面，编码为 O

观察 DBL 角的 D 面，它的正确位置为 DFR 角的 D 面，编码为 X

回到起始块，完成一组循环，编码为 XFWLTIOX

(2) 没有方向错误的角块

(3) 全部角块编码完成

角块位置编码：XFWLTIOX

R D' B2 L F L U' D L' R2 D2 L2 F D2 B L2 F' B' R2 U2

4. 还原方法

（1）编码还原

盲拧 M2R2 法中以 M2 和 R2 三循环公式对块的位置进行交换，同时还原它的位置和方向。每个公式还原 1 个棱块或角块，还原过程中忽略缓冲块上的编码。

还原棱块时，每次使用棱块 M2 公式会交换 M 层上其他块的位置。在使用了奇数次 M2 公式时，棱块 A/B 与棱块 M/N 交换，此时编码 A/B 与编码 M/N 的公式互换；若使用了偶数次 M2 公式，则 M 层不受影响。

还原角块时，每次使用角块 R2 公式会交换 R 层上其他块的位置。在使用了奇数次角块 R2 公式时，位于 R 层的角块 J/K/L 位置将与 R/S/T 位置交换，此时编码 J/K/L 将与编码 R/S/T 的公式互换；若使用了偶数次角块 R2 公式，则 R 层角块不受影响。

（2）原地翻转

需要原地翻转的棱块数量为偶数，出现奇数棱块需要翻转的情况，则说明缓冲块（DF）也需要翻转。需要原地翻转的角块翻转角度总和为 360° 的倍数，出现翻转角度总和不为 360° 的倍数的情况，则说明缓冲块（DFR）也需要翻转。

（3）奇偶校验

盲拧 M2R2 法的棱块和角块的位置编码数量一定同为偶数或同为奇数。同为偶数的情况下，可以只使用三循环公式进行还原；同为奇数的情况下，使用三循环公式进行还原时，将会剩余 1 个棱块编码和 1 个角块编码，需要进行一次奇偶校验操作。

奇偶校验的操作方法：角块编码后添加编码 GG，棱块编码后添加编码 EE，还原全部偶数个编码后将会有剩余角块 G 和棱块 E 未还原，再使用 PLL 公式将角块 G 和棱块 E 还原。

奇偶校验公式：U' Rw2 R' U L' U2 R U' R' U2 R L U' Rw2 U

三阶魔方盲拧 M2R2 法棱块公式			
编码	公式	编码	公式
A	U2 M' U2 M'	B	B' M' U' R' U M U' R U B M2
C	L U' L' U M2 U' L U L'	D	x' U L' U' M2 U L U' x
E	M2	F	U B' R U' B M2 B' U R' B U'
G	R U R' U' M2 U R U' R'	H	x' U' R U M2 U' R' U x
I	缓冲块	J	缓冲块
K	U' L2 U M2 U' L2 U	L	x' U L U' M2 U L' U' x
M	M U2 M U2	N	x' F M U R U' M' U R' U' F' M2 x
O	U R2 U' M2 U R2 U'	P	x' U R' U M2 U' R U x
Q	U R U' M2 U R' U'	R	x' U' R2 U M2 U' R2 U x
S	U' L' U M2 U' L U	T	x' U L2 U' M2 U L2 U' x
W	U' L U M2 U' L' U	X	Rw' U L U' M2 U L' U' Rw
Y	U R' U' M2 U R U'	Z	Lw U' R' U M2 U' R U Lw'

三阶魔方盲拧 M2R2 法角块公式			
编码	公式	编码	公式
A	L' U2 L' U2 L U2 R2 U2 L' U2 L U2 L	B	L2 U' L U R2 U' L' U L2
C	L' U' L' U R2 U' L U L	D	L' U' L U R2 U' L' U L
E	U' L' U R2 U' L U	F	U2 L' U2 L U2 R2 U2 L' U2 L U2
G	R2	H	U' L' U L U' L' U R2 U' L U L' U' L U
I	U' L U L' U' L U R2 U' L' U L U' L' U	J	U' R F' Rw U R2 U' Rw' F R U R2
K	F' R U R2 U' R' F R U R2 U' R	L	R2 U' R2 L U L U' R' U L' U' L R' U
M	L2 U' L' U R2 U' L U L2	N	L2 U2 L' U2 L U2 R2 U2 L' U2 L U2 L2

(续)

三阶魔方盲拧 M2R2 法角块公式

编码	公式	编码	公式
W	U' L2 U R2 U' L2 U	O	L U2 L' U2 L U2 R2 U2 L' U2 L U2 L'
P	U' L U R2 U' L' U	Q	L U' L' U R2 U' L U L'
R	R2 U' R' F' Rw U R2 U' Rw' F R' U	S	R' U R2 U' R' F' R U R2 U' R' F
T	R U R' D Rw2 U' R U Rw2 U' D' R	X	缓冲块
Y	缓冲块	Z	缓冲块

三阶魔方盲拧 M2R2 法色向调整公式

角块色向调整公式

	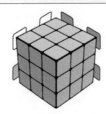	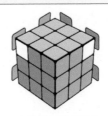	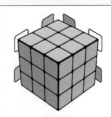
(U R U' R')2 L' (R U R' U')2 L	L' (U R U' R')2 L (R U R' U')	z' (U R U' R')2 L2 (R U R' U') L2 z	z' L2 (U R U' R')2 L2 (R U R' U') z
	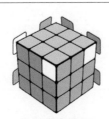		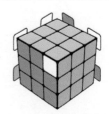
R' U' R2 U R2 U' R' U' R U R U' R' U' R' U R U'	U' R U R2 U' R2 U R U R' U' R U R U R U' R' U2	R' U' R U' R' U R U' R' U2 R U R U R' U' R' U' R' U R'	F (R U R' U')2 F' R U R' U' M' U R U' Rw'
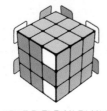	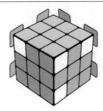		
(R' F R F' R U R' U)2	(R U' R' U R' F R F')2	(R2 U' R U' R U')4	(R2 U R' U R' U)4

（续）

三阶魔方盲拧 **M2R2** 法色向调整公式

角块色向调整公式

  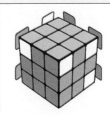

(R U2 R′ U2 R U R′ U′)2	(R′ U2 R U2 R′ U′ R U)2	(R U R′ U′ R U2 R′ U2)2	(R′ U R U R′ U2 R U2)2

棱块色向调整公式

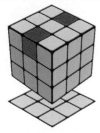   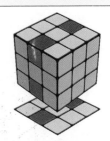

(M′ U)3 U (M U)3 U	M2 U M U2 (M′ U)3 U M U M′	(M′ U)4 (M U)4	U R′ U′ R (M U)4 R′ U R U′

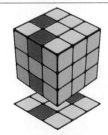 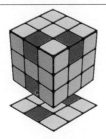 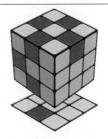 

(M U′)4	(M U)4	(U R′ F R)5	(Rw R Bw B)3

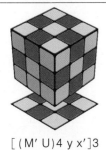

[(M′ U)4 y x′]3			

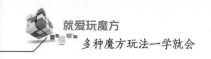
三阶魔方盲拧 M2R2 法实例

编码方向白色为 U 面、绿色为 F 面

(1) 棱块位置编码：IXCBRJETEGYPG

忽略缓冲块编码：XC BR ET EG YP G

X：Rw' U L U' M2 U L' U' Rw

C：L U' L' U M2 U' L U L'

B：B' M' U' R' U M U' R U B M2

R：x' U' R2 U M2 U' R2 U x

E：M2

T：x' U L2 U' M2 U L2 U' x

E：M2

G：R U R' U' M2 U R U' R'

Y：U R' U' M2 U R U'

P：x' U' R' U M2 U' R U x

剩余一个棱块编码 G，补编码 EE，编码为 GE E

G：R U R' U' M2 U R U' R'

E：M2

剩余棱块编码 E，还原角块后做奇偶校验

U2 R2 F2 D' L2 D B2
F2 R2 U L' B' D' F2
L' D2 R2 U2 B' F2 D

(2) 角块位置编码：XDMQRJBGX

忽略缓冲块编码：DM QR JB G

D：L' U' L U R2 U' L' U L

M：L2 U' L' U R2 U' L U L2

Q：L U' L' U R2 U' L U L'

R（J）：U' R F' Rw U R2 U' Rw' F R U R2（使用了奇数次公式，编码 R 使用 J 公式）

J：U' R F' Rw U R2 U' Rw' F R U R2

B：L2 U' L U R2 U' L' L U L2

剩余角块编码 G，做奇偶校验

(3) 奇偶校验

U' Rw2 R' U L' U2 R U' R' U2 R L U' Rw2 U

(4) 棱块翻色编码：L

棱块剩余一个翻色编码，则缓冲块色向错误

JL 翻色：F2 L2 M2 U M U2 (M' U)3 U M U M' L2 F2

（续）

三阶魔方盲拧 M2R2 法实例
编码方向白色为 U 面、绿色为 F 面

(1) 棱块位置编码：IQBNWEI CGSKD

忽略缓冲块编码：QB NW EC GS

KDQ：U R U′ M2 U R′ U′

B (N)：x′ F M U R U′ M′ U R′ U′ F′ M2 x （使用了奇数次公式，编码 B 使用 N 公式）

N：x′ F M U R U′ M′ U R′ U′ F′ M2 x

W：U′ L U M2 U′ L′ U

E：M2

C：L U′ L′ U M2 U′ L U L′

G：R U R′ U′ M2 U R U′ R′

S：U′ L′ U M2 U′ L U

K：U′ L2 U M2 U′ L2 U

D：x′ U L′ U′ M2 U L U′ x

R D′ B2 L F L U′ D L′
R2 D2 L2 F D2 B L2
F′ B′ R2 U2

(2) 角块位置编码：XFWLTIOX

忽略缓冲块编码：FW LT IO

F：U2 L′ U2 L U2 R2 U2 L′ U2 L U2

W：U′ L2 U R2 U′ L2 U

L：R2 U′ R2 L U L U′ R′ U L U′ L′ R′ U

T (L)：R2 U′ R2 L U L U′ R′ U L U′ L′ R′ U （使用了奇数次公式，编码 T 使用 L 公式）

I：U′ L U L′ U′ L U R2 U′ L′ U L U′ L′ U

O：L U2 L′ U2 L U2 R2 U2 L′ U2 L U2 L′

(3) 棱块翻色编码：L

棱块剩余一个翻色编码，则缓冲块色向错误

PL 翻色：z2 M2 U M U2 (M′ U)3 U M U M′ z2

※ 红色字体为 setup 和 reverse 步骤

※ 下画线字体为原始公式

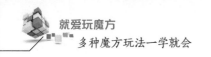
2.9 三阶魔方盲拧彳亍（chì chù）法

三阶魔方盲拧彳亍法还原步骤	
❶ 还原棱块	❷ 还原角块

1. 编码定义

盲拧彳亍法需要为 12 个棱块的 24 个面和 8 个角块的 24 个面进行编码，每个角块上有 3 个编码，每个棱块上有 2 个编码。使用盲拧彳亍法还原三阶魔方大约需要记忆 20 个编码。

棱块：顶层按照 UF、UL、UB、UR 的顺序，底层按照 DF、DL、DB、DR 的顺序，中层按照 FR、FL、BL、BR 的顺序，每个棱块按照 U/D 面、F/B 面、L/R 面的顺序进行编码。

角块：顶层按照 UFL、UBL、UBR、UBL 的顺序，底层按照 DFL、DBL、DBR、DBL 的顺序，每个角块从 U/D 面开始，按照顺时针的顺序进行编码。

三阶魔方盲拧彳亍法编码定义	
棱块编码定义	
角块编码定义	

2. 缓冲块

盲拧イ亍法利用缓冲块参与的三循环公式进行还原，缓冲块为置换公式的起始块。棱块缓冲块选择 UF 块，角块缓冲块选择 DBL 块。

3. 编码方法

①从任意一个未编码的块开始（通常为缓冲块），选择这个块上的一面（缓冲块角块为 D 面、棱块为 U 面），记住这个位置的编码。

②观察当前位置上的块，找到它的正确位置，记住这个位置的编码。

③重复步骤②，直到编码至第一个观察的块，完成一组编码循环。

④重复步骤①~③，直到对所有位置不正确的块都完成了编码。

⑤位置正确、方向错误的块，记住它的翻色方向。

三阶魔方盲拧イ亍法编码实例
编码方向白色为 U 面、绿色为 F 面

	棱块编码：
 U2 R2 F2 D′ L2 D B2 F2 R2 U L′ B′ D′ F2 L′ D2 R2 U2 B′ F2 D	(1) 从 UF 棱（缓冲块）的 U 面开始，编码为 A 　　观察 UF 棱的 U 面，它的正确位置为 FR 棱的 F 面，编码为 Q 　　观察 FR 棱的 F 面，它的正确位置为 DF 棱的 D 面，编码为 I 　　观察 DF 棱的 D 面，它的正确位置为 BL 棱的 L 面，编码为 X 　　观察 BL 棱的 L 面，它的正确位置为 UR 棱的 U 面，编码为 C 　　观察 UR 棱的 U 面，它的正确位置为 UF 棱的 F 面，编码为 B 　　回到起始块，完成一组循环，编码为 AQIXCB (2) 棱块编码未完成，继续从任意一个未编码的块开始 　　从 UB 棱的 U 面开始，编码为 E 　　观察 UB 棱的 U 面，它的正确位置为 FL 棱的 L 面，编码为 T 　　观察 FL 棱的 L 面，它的正确位置为 UB 棱的 U 面，编码为 E 　　回到起始块，完成一组循环，编码为 ETE (3) 棱块编码未完成，继续从任意一个未编码的块开始 　　从 UR 棱的 U 面开始，编码为 G 　　观察 UR 棱的 U 面，它的正确位置为 BR 棱的 B 面，编码为 Y 　　观察 BR 棱的 B 面，它的正确位置为 DR 棱的 R 面，编码为 P 　　观察 DR 棱的 R 面，它的正确位置为 UR 棱的 U 面，编码为 G 　　回到起始块，完成一组循环，编码为 GYPG (4) DL 棱块方向错误，需要原地翻转，编码为 L

(续)

三阶魔方盲拧亻亍法编码实例
编码方向白色为 U 面、绿色为 F 面

(5) 全部棱块编码完成 棱块位置编码：AQIXCB ETEGYPG 棱块翻色编码：L

R D′ B2 L F L U′

D L′ R2 D2 L2

F D2 B L2 F′

B′ R2 U2

角块编码：

(1) 从 DBL 角（缓冲块）的 D 面开始，编码为 O

观察 DBL 角的 D 面，它的正确位置为 DFR 角的 D 面，编码为 X

观察 DFR 角的 D 面，它的正确位置为 DBL 角的 B 面，编码为 F

观察 DBL 角的 B 面，它的正确位置为 DFL 角的 D 面，编码为 W

观察 DFL 角的 D 面，它的正确位置为 UFR 角的 F 面，编码为 L

观察 UFR 角的 F 面，它的正确位置为 DBR 角的 B 面，编码为 T

观察 DBR 角的 B 面，它的正确位置为 UBR 角的 R 面，编码为 I

观察 UBR 角的 R 面，它的正确位置为 DBL 角的 D 面，编码为 O

回到起始块，完成一组循环，编码为 OXFWLTIO

(2) 没有方向错误的角块

(3) 全部角块编码完成角块位置编码：OXFWLTIO

4. 还原方法

（1）编码还原

盲拧亻亍法中以三循环公式对块的位置进行交换，同时还原它的位置和方向。每个公式还原 2 个块，还原过程中忽略缓冲块上的编码。

（2）原地翻转

需要原地翻转的棱块数量为偶数，出现奇数棱块需要翻转的情况，则说明缓冲块（UF）也需要翻转。需要原地翻转的角块翻转角度总和为 360° 的倍数，当出现翻转角度总和不为 360° 的倍数的情况，则说明缓冲块（DBL）也需要翻转。

（3）奇偶校验

盲拧亻亍法的棱块和角块的位置编码数量一定同为偶数或同为奇数。同为偶数的情况下，可以只使用三循环公式进行还原；同为奇数的情况下，使用三循环公式进行还原时，将会剩余 1 个棱块编码和 1 个角块编码，需要进行一次奇偶校验操作。

奇偶校验的操作方法：角块编码后添加编码 AA，棱块编码后添加编码 CC，还原全部偶数个编码后将会剩余角块 A 和棱块 C 未还原，再使用 PLL 公式将角块 A 和棱块 C 还原。

奇偶校验公式：y R2 F R U′ R′ U′ R U R′ F′ R U R′ U′ R′ F R F′ R2 y′

三阶魔方盲拧彳亍法角块公式			
编码	公式	编码	公式
AJ	x L2′ U R U′ L2′ U R′ U′ x′	JA	x U R U′ L2′ U R′ U′ L2′ x′
AK	L2′ U′ R′ U L2′ U′ R U	KA	U′ R′ U L2′ U′ R U L2′
AL	z (U2 R′ F′ R2 F R) 2 z′	LA	z (R′ F′ R2 F R U2) 2 z′
BJ	R U2 R D′ R′ U2 R D R2	JB	R2 D′ R′ U2 R D R′ U2 R′
BK	y′ U′ R D2 R′ U R D2 R′ y	KB	y′ R D2 R′ U′ R D2 R′ U y
BL	y′ U L′ U′ R′ U L U′ R y	LB	y′ R′ U L′ U′ R U L U′ y
CJ	y′ z D R′ U2 R D′ R′ U2 R z′ y	JC	y′ z R′ U2 R D R′ U2 R D′ z′ y
CK	x R′ U2 R′ D R U2 R′ D′ R2 x′	KC	x R2 D R U2 R′ D′ R U2 R x′
CL	U′ R′ D2 R U R′ D2 R	LC	R′ D2 R U′ R′ D2 R U

三阶魔方盲拧彳亍法棱块公式			
编码	公式	编码	公式
CE	U′ R2 U R U R′ U′ R′ U′ R′ U R U	CF	B′ R U R U R′ U′ R′ U′ R′ U B
CG	R2 U R U R′ U′ R′ U′ R′ U R′	CH	U L′ U′ L U M U′ L′ U L U Lw U′
DE	U′ M U M′ U2 M U M′ U	DF	L′ U′ L U M′ U′ L′ U L U Lw
DG	U′ Rw U R′ U′ M U R U′ R′ U	DH	M U M′ U2 M U M′
EC	U′ R U′ R U R U R U′ R′ U′ R2 U	ED	U′ M U M′ U2 M U M′ U
EG	U R2 U R U R′ U′ R′ U′ R′ U R U′	EH	U M U M′ U2 M U M′ U′
FC	B′ U′ R U R U R U′ R′ U′ R′ B	FD	Lw′ U′ L U M U′ L′ U L
FG	R′ U′ R U M U′ R′ U Rw	FH	Rw U R′ U′ M U R U′ R′
GC	R U′ R U R U R U′ R′ U′ R2	GD	U′ R U R U′ M′ U R U′ Rw′ U
GE	U R U′ R U R U R U′ R′ U′ R2 U′	GF	Rw′ U′ R U M′ U′ R′ U R
HC	U Lw′ U′ L U M U′ L′ U L U′	HD	M U′ M′ U2 M U′ M′
HE	U M U′ M′ U2 M U′ M′ U′	HF	R U R′ U′ M′ U R U′ Rw′

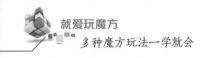

三阶魔方盲拧彳亍法色向调整公式

角块色向调整公式

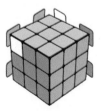		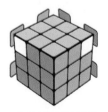	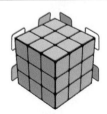
(U R U' R')2 L' (R U R' U')2 L	L' (U R U' R')2 L (R U R' U')	z' (U R U' R')2 L2 (R U R' U') L2 z	z' L2 (U R U' R')2 L2 (R U R' U') z

R' U' R2 U R2 U' R' U' R U R' U' R' U' R' U R U'	U' R U R2 U' R2 U R U R' U' R U R U R U' R' U2	R' U' R U' R' U R U' R' U2 R' U R U R' U' R' U' R' U R'	F (R U R' U')2 F' R U R' U' M' U R U' Rw'
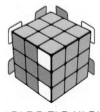		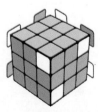	
(R' F R F' R U R' U)2	(R U' R' U R F R F')2	(R2 U' R U' R U')4	(R2 U R' U R' U)4
		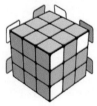	
(R U2 R' U2 R U R' U')2	(R' U2 R U2 R' U' R U)2	(R U R' U' R U2 R' U2)2	(R' U R U R' U2 R U2)2

（续）

三阶魔方盲拧彳亍法色向调整公式

棱块色向调整公式

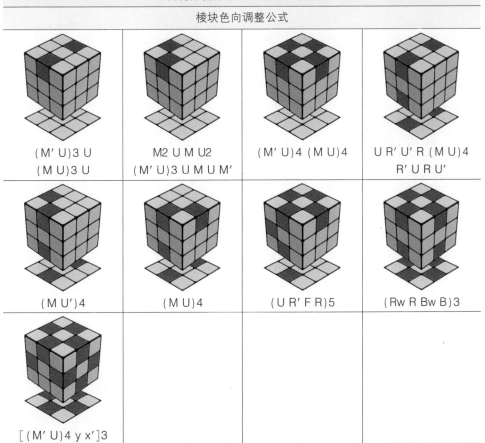

(M′ U)3 U (M U)3 U	M2 U M U2 (M′ U)3 U M U M′	(M′ U)4 (M U)4	U R′ U′ R (M U)4 R′ U R U′
(M U′)4	(M U)4	(U R′ F R)5	(Rw R Bw B)3

[(M′ U)4 y x′]3

三阶魔方盲拧彳亍法实例

编码方向白色为 U 面、绿色为 F 面

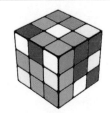

U2 R2 F2 D′ L2 D B2
F2 R2 U L′ B′ D′ F2
L′ D2 R2 U2 B′ F2 D

（1）棱块位置编码：AQIXCB ETEGYPG
忽略缓冲块编码：QI XC ET EG YP G
QI：R D′ L2 R U′ R U R U R U′ R′ U′ R2 L2 D R′
XC：B′ U′ R U′ R U R U R U′ R′ U′ R2 U B
ET：L′ U′ M U′ M′ U2 M U′ M′ U L
EG：U R2 U R U R′ U′ R′ U′ R′ U R U′
YP：R′ B U R U′ R U R U R U′ R′ U′ R2 U′ B′ R
剩余棱块编码 G，补编码 CC，编码为 GC C

（续）

三阶魔方盲拧祈行法实例
编码方向白色为 U 面、绿色为 F 面

GC：R U' R U R U R U' R' U' R2
剩余棱块编码 C，还原角块后做奇偶校验

(2) 角块位置编码：OSKCHYENO
忽略缓冲块编码：SK CH YE N
SK：U R2 y' R D2 R' U' R D2 R' U y R2 U'
CH：R' y' z D R' U2 R D' R' U2 R z' y R
YE：U' R R2 D' R' U2 R D R U2 R' R' U
剩余角块编码 N，补编码 AA，编码为 NA A
NA：F y' U' R D2 R' U R D2 R' y F'
剩余角块编码 A，做奇偶校验

U2 R2 F2 D' L2 D B2
F2 R2 U L' B' D' F2
L' D2 R2 U2 B' F2 D

(3) 奇偶校验
y R2 F R U' R' U' R U R' F' R U R' U' R' F R F' R2 y'

(4) 棱块翻色编码：L
棱块剩余一个翻色编码，则缓冲块色向错误
BL 翻色：L2 M2 U M U2 (M' U)3 U M U M' L2

(1) 棱块位置编码：AMXFJRA CGSKD
忽略缓冲块编码：MX FJ RC GS KD
MX：L B2 U' M U M' U2 M U' M' U B2 L'
FJ：D R2 Rw U R' U' M U R U' R' R2 D'
RC：R U Lw' U' L U M U' L' U L U' R'
GS：L' R U' R U R U R U' R' U' R2 L
KD：D2 R2 U' R U R' U' M' U R U' Rw' U R2 D2

(2) 角块位置编码：OXFWLTIO
忽略缓冲块编码：XF WL TI
XF：U' R R' D2 R U' R' D2 R U R' U
WL：R F R' U' R' D2 R U R' D2 R R F' R'
TI：R' U R2 D' R' U2 R D R' U2 R' U' R

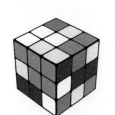

R D' B2 L F L U' D L'
R2 D2 L2 F D2 B L2
F' B' R2 U2

(3) 棱块翻色编码：P
棱块剩余一个翻色编码，则缓冲块色向错误
BP 翻色：R2 U M2 U M U2 (M' U)3 U M U M' U' R2

※红色字体为 setup 和 reverse 步骤
※下画线字体为原始公式

2.10 三阶魔方单手还原法

1. 单手转动方法

练习单手还原前需要练习单手手法，单手还原过程通常以 R、U 转动为主，常用的 U、R、F 转动比较熟练后就可以开始进行连贯手法和完整的还原练习。

三阶魔方单手还原常用手法			
转动	手法	转动	手法
R	无名指或小指拨 DBR 角	R′	无名指或小指反拨 DFR 角
R2	无名指和小指连拨 DBR 角	U	食指推 UBL 角或食指反拨 UFL 角
U′	食指拨 UBL 角或食指拨 UFL 角	U2	食指反拨 UFL 角
U′2	食指拨 UBL 角	Rw	无名指或小指拨 DB 棱
Rw′	无名指或小指反拨 DF 棱	Rw2	无名指和小指连拨 DB 棱
Uw	食指推 BL 棱	Uw′	食指拨 BL 棱
F	拇指推 DFL 角或拇指推 UFL 角	F′	食指或拇指拨 UFL 角
Fw′	食指拨 UL 棱和 UFL 角	S′	食指拨 UL 棱

三阶魔方单手还原常用连贯手法			
R U	R U′	R′ U	R′ U′
R U R′	R U′ R′	R′ U R	R′ U′ R
R U R′ U′	R U′ R′ U	R′ U R U′	R′ U′ R U
R U2 R′	R′ U2 R′	Rw U Rw′	Rw U′ Rw′

2. 单手 F2L、OLL、PLL 公式

三阶魔方单手还原过程中，R、U 层转动通常比 F 层转动速度快，转体步骤中 z 转动通常比 x、y 转动速度快。在公式的选取上，单手公式通常以 R、U 转动为主，选用步数稍多但连贯顺手的公式可能比步数少的公式更有优势，尽量减少还原过程中转体与换手动作。

三阶魔方单手 F2L 公式

y′ U R′ U R	R U′ R′ U2 y′ R′ U′ R	Rw′ U2 R2 U R2 U Rw	y′ U R′ U′ R U2 R′ U R
R′ U2 R2 U R2 U R	U′ R U′ R′ U R U R′	R U R′	U′ R U R′ U R U R′
M′ U′ R U R′ U′ R U2 r′	y′ R U2 R2 U′ R2 U′ R′	y′ U R′ U′ R U′ R′ U′ R	y′ R′ U′ R
R U R′ U2 R U′ R′ U R U′ R′	U R U′ R′	U′ R U R′ U2 R U′ R′	U′ R U2 R′ U2 R U′ R′
y′ R′ U2 R U R′ U′ R	y′ U2 R2 U2 R U R′ U R2	U R U2 R′ U′ R U′ R′	R U′ R′ U2 R U R′

（续）

三阶魔方单手 F2L 公式			

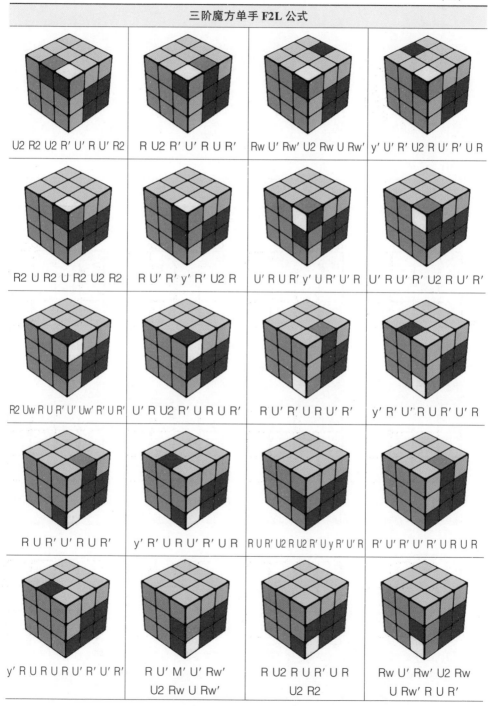

U2 R2 U2 R' U' R U' R2	R U2 R' U' R U R'	Rw U' Rw' U2 Rw U Rw'	y' U' R' U2 R U' R' U R
R2 U R2 U R2 U2 R2	R U' R' y' R' U2 R	U' R U R' y' U R' U' R	U' R U' R' U2 R U' R'
R2 Uw R U R' U' Uw' R' U R'	U' R U2 R' U R U R'	R U' R' U R U' R'	y' R' U' R U R U' R
R U R' U' R U R'	y' R' U R U' R' U R	R U R' U2 R U2 R' U' y R' U' R	R' U' R' U' R' U R U R
y' R U R U R U' R' U' R'	R U' M' U' Rw' U2 Rw U Rw'	R U2 R U R' U R U2 R2	Rw U' Rw' U2 Rw U Rw' R U R'

(续)

三阶魔方单手 F2L 公式			
 R2 U2 R' U' R U' R' U2 R'			

三阶魔方单手 OLL 公式

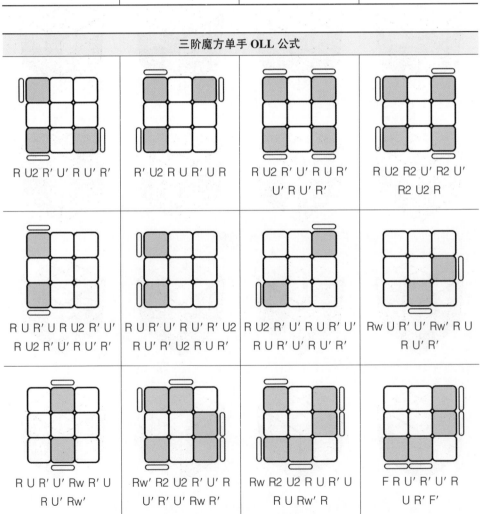

R U2 R' U' R U' R'	R' U2 R U R' U R	R U2 R' U' R U R' U' R U R'	R U2 R2 U' R2 U' R2 U2 R
R U R' U R U2 R' U' R U2 R' U' R U R'	R U R' U' R U' R' U2 R U R' U' R U' R' U2 R U R'	R U2 R' U' R U R' U' R U R' U' R U' R'	Rw U R' U' Rw' R U R U' R'
R U R' U' Rw R' U R U' Rw'	Rw' R2 U2 R' U' R U' R' U' Rw R'	Rw R2 U2 R U R' U R U Rw' R	F R U' R' U' R U R' F'

（续）

三阶魔方单手 OLL 公式

R U2 R2 F R F' R U2 R'	Rw U2 R' U' R2 Rw' U R' U' Rw U' Rw'	Rw' U' Rw U' R' U R U' R' U R Rw' U Rw	F (U R U' R')2 F'
R' U2 R2 Uw R' U R U' R Uw' R'	Rw U' Rw' U' Rw U Rw' y' R' U R	Rw' U Rw U Rw' U' Rw y R U' R'	Rw U Rw' R U R' U' Rw U' Rw'
Rw' U' Rw R' U' R U Rw' U Rw	Rw' U Rw2 U' Rw2 U' Rw2 U Rw'	Rw U' Rw2 U Rw2 U Rw2 U' Rw	Rw' U2 R U R' U' R U R' U Rw
Rw U2 R' U' R U R' U' R U' Rw'	F (R U R' U')2 F'	F' (L' U' L U)2 F	R U R' F' U' F U R U2 R'
R' F R U R' U' F' U R	Rw' U' R U' R' U2 Rw	Rw U R' U R U2 Rw'	Rw R2 U' R U' R' U2 R U' Rw' R

（续）

三阶魔方单手 OLL 公式			
Rw' R2 U R' U R U2 R' U Rw R'	Rw' U2 R U R' U Rw R U2 R' U' R U' R'	Rw U2 R' U' R U' Rw' R' U2 R U R' U R	R U R' U R U2 R' F R U R' U' F'
R' U' R U' R' U2 R F R U R' U' F'	Rw U Rw' U2 R U2 R' U2 Rw U' Rw'	Rw' U' R U' R' U2 Rw U Rw U2 R' U' R U' Rw'	Rw' R2 U R' U Rw U2 Rw' U Rw R'
Rw' R U' Rw U2 Rw' U' R U' R2 Rw	Rw' U2 R U R' U Rw2 U2 R' U' R U' Rw'	Rw U R' U R U2 Rw2 U' R U' R' U2 Rw	x' R U' R' U2 z2 U' R z' R U' R' U' Rw R'
Rw' R U R U R' U' Rw2 R2 U R U' Rw'	F' U' L' U L F	F U R U' R' F'	Rw U2 R' U' R2 U' L' U R' U'
Rw' U2 R U R2 U L U' R U	Rw U2 R' U' R U' Rw'	Rw' U2 R U R' U Rw	R U R' U' y' Rw' U' R U Rw R'

（续）

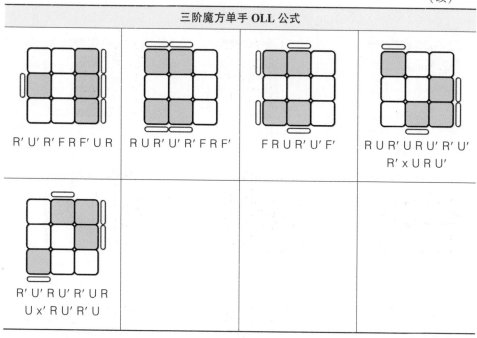

三阶魔方单手 OLL 公式			
R′U′R′FRF′UR	RUR′U′R′FRF′	FRUR′U′F′	RUR′URUR′U′ R′ x U R U′
R′U′RUR′UR U x′ R U′ R′ U			

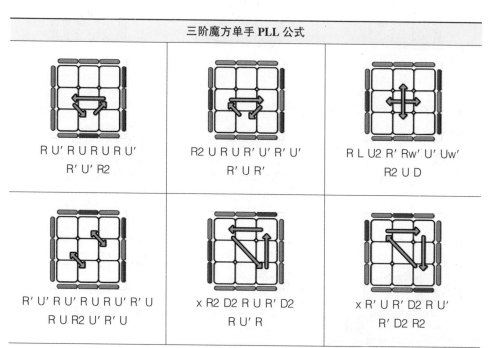

三阶魔方单手 PLL 公式		
RU′RURURU′ R′U′R2	R2 URUR′U′R′U′ R′UR′	RLU2 R′ Rw′ U′ Uw′ R2 U D
R′U′RU′RURU′R′U RUR2U′R′U	x R2 D2 RUR′D2 RU′R	x R′UR′D2 RU′ R′ D2 R2

（续）

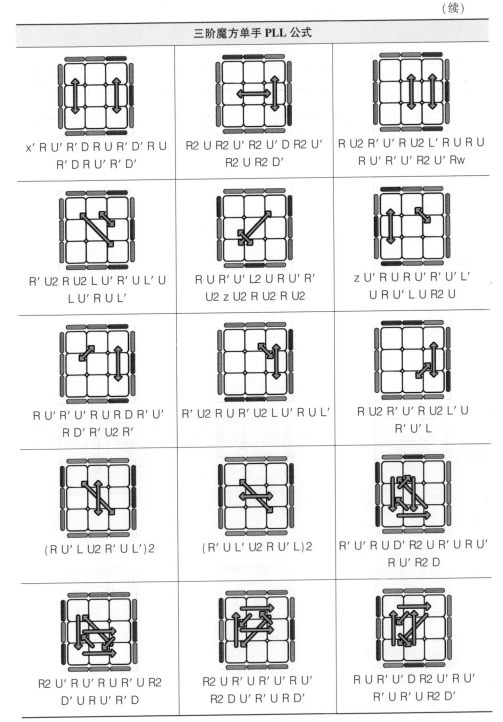

三阶魔方单手 PLL 公式		
x' R U' R' D R U R' D' R U R' D R U' R' D'	R2 U R2 U' R2 U' D R2 U' R2 U R2 D'	R U2 R' U' R U2 L' R U R U R' R' U' R2 U' Rw
R' U2 R U2 L U' R' U L' U L U' R U L'	R U R' U' L2 U R U' R' U2 z U2 R U2 R U2	z U' R U R U' R' U' L' U R U' L U R2 U
R U' R' U' R U R D R U' R D' R' U2 R'	R' U2 R U R' U2 L U' R U L'	R U2 R' U' R U2 L' U R' U' L
(R U' L U2 R' U L')2	(R' U L' U2 R U' L)2	R' U' R U D' R2 U R' U R U' R U' R2 D
R2 U' R U' R U R' U R2 D' U R U' R' D	R2 U R' U' R' U' R U' R2 D U' R' U R D'	R U R' U' D R2 U' R U' R' U R' U R2 D'

082

2.11 三阶魔方脚拧还原法

1. 脚拧转动方法

脚拧还原以 U、R、F、L 转动为主，常用的 U、R 转动比较熟练后就可以开始进行完整的还原练习。

三阶魔方脚拧还原常用脚法			
转动	脚法	转动	脚法
R	左：轻按 U 面 UFL 角 右：x 方向压 UBR 角	R′	左：轻按 U 面 UBL 角 右：x′方向压 UFR 角
U	左：y′方向推 Dw 层 右：轻按 U 面	U′	左：轻按 U 面 右：y 方向推 Dw 层
	左：挡住 L 面两层 右：y 方向推 U 层		左：y′方向推 U 层 右：挡住 R 面两层
F	左：轻按 U 面 UBL 角 右：z 方向压 UFR 角	F′	左：z′方向压 UFL 角 右：轻按 U 面 UBR 角
L	左：x′方向压 UFL 角 右：轻按 U 面 UBR 角	L′	左：x 方向压 UBL 角 右：轻按 U 面 UFR 角
B	左：z′方向压 UBL 角 右：轻按 U 面 UFR 角	B′	左：轻按 U 面 UFL 角 右：z 方向压 UBR 角

2. 脚拧 F2L、OLL、PLL 公式

三阶魔方脚拧还原过程中，各层的转动速度都慢于速拧还原，转体步骤中 y 转动通常比 x、z 转动速度快。在公式的选取上，脚拧公式通常以 R、U、F、Dw 转动为主，选用步数少的公式更有优势，尽量减少包含 Rw、Uw 等双层转动及 D 面转动的公式。

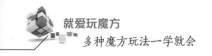

三阶魔方脚拧 F2L 公式

y' U R' U R	R U' R' U2 F' U' F	y' R U' F' U2 F U' R	y F2 R U R' U' F2
y F U' R U2 R' U2 F'	U' R U' R' U R U R'	R U R'	y2 B2 U' R' U R B2
y' U R' U R U' R' U' R	y' R U2 R2 U' R2 U' R'	y F2 U R U' R' F2	y' R' U R
R B L U' L' B' R'	U R U' R'	U' R U R' U2 R U' R'	R U B U2 B' U R'
y' R' U2 R U R' U' R	U F' L' U L F R U R'	U R U2 R2 F R F'	R B U2 B' R'

084

（续）

三阶魔方脚拧 F2L 公式			
U F R' F' R U R U R'	R U2 R' U' R U R'	F' L' U2 L F	U' F' U2 F2 R' F' R
R2 U R2 U R2 U2 R2	R U' R' F' U2 F	U' R U R' y' U R' U' R	U' R U R' U2 R U' R'
U F' U' F U' R U R'	y U F U2 R U2 R' F'	R U' R2 F R F'	y' R' U' R U R' U' R
R U R' U' R U R'	F' U F2 R' F' R	R2 U2 F R2 F' U2 R' U'	R' F' R U R U' R' F
U R U' R' U' F' U F	R U F R U R' U' F' R'	R U2 R U R' U R U2 R2	R F U R U' R' F' U' R'

三阶魔方脚拧 F2L 公式

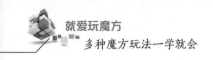

R U′ R′ F2 L′ U′
L U F2

三阶魔方脚拧 OLL 公式

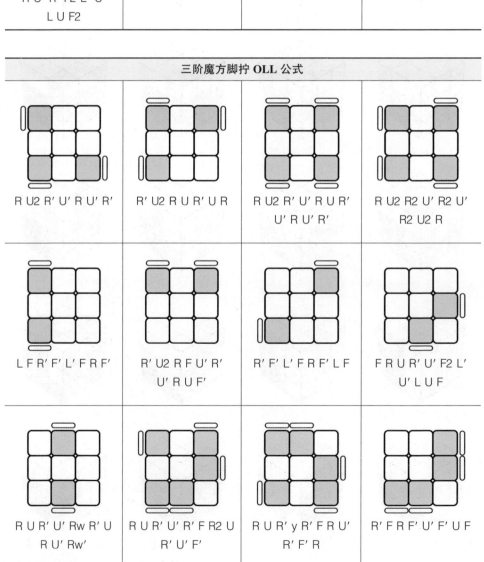

R U2 R′ U′ R U′ R′	R′ U2 R U R′ U R	R U2 R′ U′ R U R′ U′ R U′ R′	R U2 R2 U′ R2 U′ R2 U2 R
L F R′ F′ L′ F R F′	R′ U2 R F U′ R′ U′ R U F′	R′ F′ L′ F R F L F	F R U R′ U′ F2 L′ U′ L U F
R U R′ U′ Rw R′ U R U′ Rw′	R U R′ U′ R′ F R2 U R′ U′ F′	R U R′ y R′ F R U′ R′ F′ R	R′ F R F′ U′ F′ U F

（续）

三阶魔方脚拧 OLL 公式			

R U2 R2 F R F'　　R U2 R2 U' R U' R'　　L F L' (U R U' R')2　　F (U R U' R')2 F'
R U2 R'　　　　　U2 F R F'　　　　　L F' L'

R' U' R U' R' U F'　　F U R U2 R' U' R U　　R' F R U R' F' R F　　L F L' R U R' U' L
U F R　　　　　　R' F'　　　　　　　U' F'　　　　　　　　F' L'

R' F' R L' U' L U　　R' F R2 B' R2 F'　　R B' R2 F R2 B　　F R U R' U' F' R U
R' F R　　　　　　R2 B R'　　　　　　R2 F' R　　　　　　R' U' R' F R F'

F' L' U' L U L' U L　　F (R U R' U')2 F'　　F' (L' U' L U)2 F　　R B' R' U' R U B U' R'
U' L' U' L F

R' F R U R' U' F' U R　　B' R' F R F' R2 B　　B L F' L F L2 B'　　F R U R' U' F' y F
R U R' U' F'

（续）

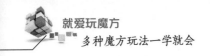

三阶魔方脚拧 OLL 公式			

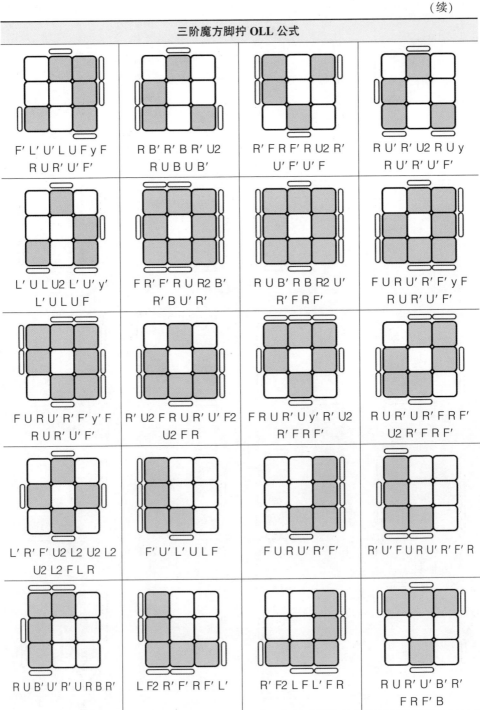

F' L' U' L U F y F R U R' U' F'	R B' R' B R' U2 R U B U B'	R' F R F' R U2 R' U' F' U' F	R U' R' U2 R U y R U R' U' F'
L' U L U2 L' U' y' L' U L U F	F R' F' R U R2 B' R' B U' R'	R U B' R B R2 U' R' F R F'	F U R U' R' F' y F R U R' U' F'
F U R U' R' F' y' F R U R' U' F'	R' U2 F R U R' U' F2 U2 F R	F R U R' U' y' R' U2 R' F R F'	R U R' U R' F R F' U2 R' F R F'
L' R' F' U2 L2 U2 L2 U2 L2 F L R	F' U' L' U L F	F U R U' R' F'	R' U' F U R U' R' F' R
R U B' U' R' U R B R'	L F2 R' F' R F' L'	R' F2 L F L' F R	R U R' U' B' R' F R F' B

（续）

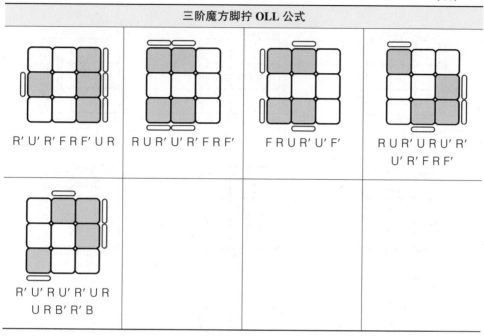

三阶魔方脚拧 OLL 公式			
R' U' R' F R F' U R	R U R' U' R' F R F'	F R U R' U' F'	R U R' U R U R' U' R' F R F'
R' U' R U' R' U R U R B' R' B			

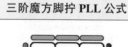

R U' R U R U R U' R' U' R2

R2 U R U R' U' R' U' R' U R'

L R U2 L' R' F' B' U2 F B

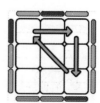

R' U' R' F R F' U R F' U' L' U L F

R B' R F2 R' B R F2 R2

R' F R' B2 R F' R' B2 R2

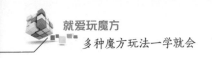
（续）

三阶魔方脚拧 PLL 公式		
R2 U R′ y (R U′ R′ U)3 y′ R U′ R2	R U R′ U′ R′ F R2 U′ R′ U′ R U R′ F′	R′ U R U′ R2 F′ U′ F U R F R′ F′ R2
R′ U R′ U′ y R′ F′ R2 U′ R′ U R′ F R F	R2 U′ R2 U′ R2 U y′ R U R′ B2 R U′ R′	R′ U2 R U2 R′ F R U R′ U′ R′ F′ R2
R U2 R′ U2 R B′ R′ U′ R U R B R2 U	R′ U2 R U R′ U2 L U′ R U L′	R U2 R′ U′ R U2 L′ U R′ U′ L
(R U′ L U2 R′ U L′)2	(R′ U L′ U2 R U′ L)2	R′ U L′ U2 R U′ L y R L U2 L′ R′
L′ R′ U2 L R y L U′ R U2 L′ U R′	R L U2 R′ L′ y′ R′ U L′ U2 R U′ L	L U′ R U2 L′ U R′ y R′ L′ U2 R L

2.12 三阶魔方最少步还原法

1. 块构造技巧

（1）块构造

块构造是最少步还原常用的起始步骤，通常以构造 $1 \times 2 \times 2$ 块和 $2 \times 2 \times 2$ 块开始，后续可以扩展成 $2 \times 2 \times 3$ 块或 $2 \times 3 \times 3$ 块以及配合不同的解法来完成还原。块构造法比速拧解法在还原步数上更有优势，是一种自由度很高的还原技巧。

三阶魔方最少步还原块构造实例	
 D R′ L2 D2 R2 F B D2 L′ F2 D L′ B F2 L R′ B′ F L′ R2	解法 1 $1 \times 2 \times 2$ 块：U F R′ $2 \times 2 \times 2$ 块：U′ L D′ $2 \times 2 \times 3$ 块：B U′ B2 U2 B′ U′
	解法 2 $1 \times 2 \times 2$ 块：R′ D′ F $2 \times 2 \times 2$ 块：L $2 \times 2 \times 2$ 块：B′ R2 U′ R F R′ F′

（2）伪块构造

伪块是一种类似块的状态，它可以看成是还原态魔方在转动一步的状态下形成的块，在由 $1 \times 2 \times 2$ 块构造 $2 \times 2 \times 2$ 块或 $2 \times 2 \times 3$ 块步数比较多时，可以尝试构造一个伪块，然后在合适的阶段还原它。

三阶魔方最少步还原伪块构造实例

$2 \times 2 \times 2$ 块   伪 $2 \times 2 \times 2$ 块

图中伪 $2 \times 2 \times 2$ 块可以看作进行了 U 转动后的块，U 层其他块的正确位置也随之改变，还原后再加上 U′转动使伪块还原。

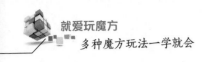

(续)

三阶魔方最少步还原伪块构造实例	
 D R′ L2 D2 R2 F B D2 L′ F2 D L′ B F2 L R′ B′ F L′ R2	伪2×2×2块：R′ D F′ D2 F 伪2×2×3块：D′ B′ D2 R′ U R U′ 两对伪1×1×2块：D′ R′ D 调整：B R B′ R 伪2×3×3块：D′ R′ D2 R2 D 2×3×3块：L

2. 状态控制技巧

(1) 后续状态控制

在最少步还原过程中，类似块构造和 F2L 等比较灵活的步骤可能会遇到同一种状态可以用多个公式解决的情况，分别记下每种情况，并依次尝试不同的解法分支。尝试的解法越多，遇到简单情况和跳步的概率就越大。在某一种情况很难得到满意解法的时候，可以后退一些步骤尝试使用不同解法来获得新的后续状态，提高获得较少解法的概率。

(2) 保留块

在还原过程中偶然遇到的块，如果其在后续步骤中可能用到，例如在构造 2×2×2 块的时候发现它相邻位置的 1×1×2 块已经组合，则可以尝试不对其进行破坏；虽然多数情况下这样做会花费额外的步数，但破坏的结果会造成在后面的还原阶段转动自由度会更小，放到后续步骤重新组合可能需要更多的步数，因此我们需要根据实际情况来判断是否对某些块予以保留。

3. 插入循环技巧

(1) 角块循环

角块循环通常使用 [a b a′ c a b′ a′ c′] 形式的 8 步三循环公式，转动序列 a b a′ 和 a b′ a′ 可以交换不同层的两个角块，转动 c 和 c′ 可以调整同一层的两个角块位置。交换位置的同时还需注意角块的方向，可以用其中一个角块的任意一面为循环起始面，观察它的正确位置并标记，再观察所标记目标面的正确位置，完成另外两个角块目标面的标记。

三阶魔方角块三循环的一般形式		
	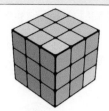	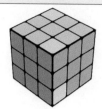
①L D′ L′ U L D L′ U′ ②U L D′ L′ U′ L D L′ ③R′ D′ R U′ R′ D R U ④U′ R′ D′ R U R′ D R	①F′ D2 F U F′ D2 F U′ ②U F′ D2 F U′ F′ D2 F	①B D2 B′ U2 B D2 B′ U2 ②U2 B D2 B′ U2 B D2 B′ ③R′ D′ R U2 R′ D R U2 ④U2 R′ D′ R U2 R′ D R
	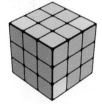	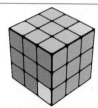
①L′ D2 L U2 L′ D2 L U2 ②U2 L′ D2 L U2 L′ D2 L	①L D′ L′ U2 L D L′ U2 ②U2 L D′ L′ U2 L D L′	①B′ D B U2 B′ D′ B U2 ②U2 B′ D B U2 B′ D′ B

在寻找角块三循环解法时，可以以其中一个角块为基准来判别它是否可以完成 8 步三循环。

三阶魔方角块 8 步三循环判别方法	
	使用编号标记目标面
❶ 以编号 1、2、3 来标记三个角块上的目标面，选择角块 1 为基准	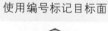 
❷角块 2 需要与角块 1 在同一层上，可以通过转动该层将角块 2 的目标面移至角块 1 的目标面位置	1 和 2 都在 U 层上，转动 U 可以将 2 移至 1 位置，转动 U′ 可以将 1 移至 2 位置 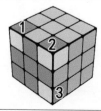

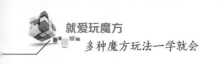

(续)

三阶魔方角块 8 步三循环判别方法		
❸角块 3 与角块 1、角块 2 都不在同一层上，可以通过三步转动将目标面 3 移至目标面 1 或目标面 2 的位置，且不影响角块 1、角块 2 所在层的其他块	转动 L D′ L′ 可以将 3 移至 1 位置，且不影响 U 层其他块 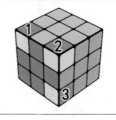	转动 R′ D′ R 可以将 3 移至 2 位置，且不影响 U 层其他块 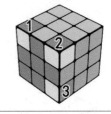
❹满足条件的情况，可以使用 8 步三循环公式进行交换	3→1→2→3 循环 L D′ L′ U L D L′ U′	3→2→1→3 循环 R′ D′ R U R′ D R U

（2）插入循环

如果在一次还原中得到了剩余少量块未还原的解法，除了在最后阶段还原这些块以外，可以在解法中任何位置插入对这些块单独交换的操作，同样能完成还原。

插入角块三循环是最少步还原中较高效的方法，可以在还原初期进行棱块色向控制，或者在 2×2×3 块和 2×3×3 块阶段通过 ELL、OLL 对棱块进行还原，单独的棱块还原往往比同时还原棱块和角块步骤要少，在得到了只剩少量角块未还原的情况下，可以通过插入角块循环来还原，同时找到合适的插入点来减少解法步数。

三阶魔方最少步还原插入角块循环实例	
 D R′ L2 D2 R2 F B D2 L′ F2 D L′ B F2 L R′ B′ F L′ R2	2×2×2 块：R′ D′ F L 2×2×2 块：U R U B R B2 F2L −3：L2 F′ L′ U2 F2L −4：U′ F2 L F′ L′ ∗ F′ 2×3×3 块：U L′ ELL：U 剩余一个角块三循环未还原 在 ∗ 位置插入三循环：L′ B L F2 L′ B′ L F2 完整解法：R′ D′ F L U R U B R B2 L2 F′ L′ U F2 L F′ L2 B L F2 L′ B′ L F U L′ U

4. 逆打乱技巧

（1）逆打乱

逆打乱是将原始打乱进行逆操作后得到的打乱状态，如果原始打乱状态下 A 块在 B 位置，那么在逆打乱状态下 B 块会在 A 位置。

如果在原始打乱状态下找不到满意的解法，可以尝试从逆打乱状态求解，找到解法后再对逆打乱状态下的解法进行逆操作，即可得到原始打乱的解法。

例如：原始打乱为［L′ R′ U2 R U R′ U2 L U′ R］，则逆打乱为［R′ U L′ U2 R U′ R′ U2 R L］，假设在逆打乱状态下的求解为［U2 L′ U′ L F L′ U′ L U L F′ L2 U L U2］，那么将逆打乱状态下的解法进行逆操作［U2 L′ U′ L2 F L′ U′ L′ U L F′ L′ U L U2］，这个解法就是原始打乱的解法。

（2）预打乱

预打乱指在原始打乱公式前添加一些 setup 步骤，来改变打乱后某些块的位置，形成容易构造或对求解有利的状态。在添加了预打乱步骤的状态下求得的解法，转换为原始打乱的解法时，只须将预打乱步骤移至解法末尾。

预打乱的转换规则为：

［预打乱］ + ［打乱］ + ［解法］ = ［还原态］ = ［打乱］ + ［解法］ + ［预打乱］

三阶魔方最少步还原预打乱实例	
 D R′ L2 D2 R2 F B D2 L′ F2 D L′ B F2 L R′ B′ F L′ R2	**原始打乱状态** 　2×2×2块：R′ D′ F L 　伪2×2×3块：B′ F′ U′ F 　在 FL 方向构造好的伪2×2×3块，UF 棱和 UFL 角上正确的块应该为<u>白绿棱块和橙白绿角块</u>，现在的状态为<u>红蓝棱块和黄红蓝角块</u>。此时可以在还原状态下利用 setup 步骤将<u>白绿棱块和橙白绿角块</u>移至<u>红蓝棱块和黄红蓝角块</u>位置，并应注意不能影响已构造好的2×2×3块 **预打乱** 　F R2 F′ 　橙白绿角块→黄红蓝角块位置，白绿棱块→红蓝棱块位置 **预打乱 + 原始打乱状态** 　打乱：F R2 F′ D R′ L2 D2 R2 F B D2 L′ F2 D L′ B F2 L R′ B′ F L′ R2 　2×2×2块：R′ D′ F L

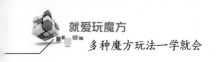

三阶魔方最少步还原预打乱实例
2×2×3块：B′ F′ U′ F ALL：R U D B2 L2 U F U′ F′ U2 D F2 L2 D2 R′ 预打乱＋原始打乱状态下的解法为： R′ D′ F L B′ F′ U′ F R U D B2 L2 U F U′ F′ U2 D F2 L2 D2 R′ 将预打乱［F R2 F′］添加到解法的末尾，获得原始打乱解法： R′ D′ F L B′ F′ U′ F R U D B2 L2 U F U′ F′ U2 D F2 L2 D2 R′ F R2 F′

（3）NISS（Normal-inverse Scramble Switch）

NISS 是从原始打乱和逆打乱两个状态下进行求解的技巧，原始打乱状态下的解法的逆操作可以作为逆打乱的预打乱，然后在逆打乱状态下进行求解，反之亦然。得到完整解法后，将逆打乱状态下的解法进行逆操作移至原始打乱状态下的解法末尾（即预打乱置后），获得原始打乱状态下的解法。

三阶魔方最少步还原 NISS 实例	
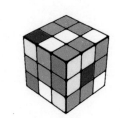 D R′ L2 D2 R2 F B D2 L′ F2 D L′ B F2 L R′ B′ F L′ R2	原始打乱 2×2×2块：R′ D′ F L 逆打乱,预打乱为 L′ F′ D R 2×2×3块：B U2 原始打乱,预打乱为 U2 B′ 2×2×2块：R′ D′ F L 伪 1×2×2块：B R2 逆打乱,预打乱为 R2 B′ L′ F′ D R 2×2×3块：B U2 2×3×3块：B′ U D′ R U′ R2 D R2 B2 R2 B2 ＊ R 剩余一个角块三循环未还原 在＊位置插入三循环：D2 R U2 R′ D2 R U2 R′ 逆打乱解法： B U2 B′ U D′ R U′ R2 D R2 B2 R2 B2 D2 R U2 R′ D2 R U2 逆操作后移至原始打乱解法末尾，获得完整解法： R′ D′ F L B R2 U2 R′ D2 R U2 R′ D2 B2 R2 B2 R2 D′ R2 U R′ D U′ B U2 B′

第3章 二阶魔方玩法

3.1 二阶魔方简介

二阶魔方（Pocket Cube）由厄尔诺·鲁比克在 1981 年发明。它是六轴六面体魔方，有 8 个角块，每次转动移动 4 个角块。二阶魔方共有 3674160 种状态，任意一种状态都可以通过不超过 11 次的转动来复原。二阶魔方速拧是世界魔方协会认证的比赛项目之一。

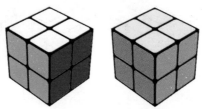

3.2 二阶魔方转动符号

将魔方平放，并将任意一个侧面朝向自己，此时朝向自己的面称为"前面"，用字母 F（Front）表示，与前面相对的面称为"后面"，用字母 B（Back）表示；朝向上方的面称为"顶面"，用字母 U（Up）表示，与顶面相对的面称为"底面"，用字母 D（Down）表示；朝向左侧的面称为"左面"，用字母 L（Left）表示，与左面相对的面称为"右面"，用字母 R（Right）表示。

1. 单层转动

外层顺时针转动 90°：R（右，Right）、L（左，Left）、U（上，Up）、D（下，Down）、F（前，Front）、B（后，Back）。

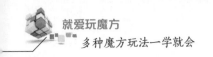
外层逆时针转动90°：R′、L′、U′、D′、F′、B′。

外层转动180°：R2、L2、U2、D2、F2、B2。

2. 整体转动

整体顺时针转动90°：x（方向同R）、y（方向同U）、z（方向同F）。

整体逆时针转动90°：x′、y′、z′。

整体转动180°：x2、y2、z2。

二阶魔方转动说明					
R	R′	R2	L	L′	L2
U	U′	U2	D	D′	D2
F	F′	F2	B	B′	B2
x	x′	x2	y	y′	y2
z	z′	z2			

3.3 二阶魔方层先法（Layer-by-layer Method）

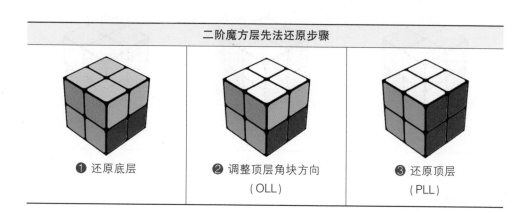

二阶魔方层先法还原步骤

❶ 还原底层　　　❷ 调整顶层角块方向（OLL）　　　❸ 还原顶层（PLL）

1. 还原底层

这一步将还原好底层的四个角块。二阶魔方没有固定的中心块限制，任意状态的二阶魔方都至少有一个角块在它的正确位置上。

任意选择一个黄色角块放在底层作为基准，根据魔方的配色即可确定其他面的颜色，然后根据其他角块的颜色判断其正确位置：

①在顶层的角块，可以通过转动 U 将该角块移动至其正确位置的上方，再将它还原；

②在底层的角块，如果它的位置是正确的，则需要调整为正确方向；如果它的位置是错误的，可以使用任意一条顶层公式将它移至顶层，再按照情况①的方法还原这个角块。

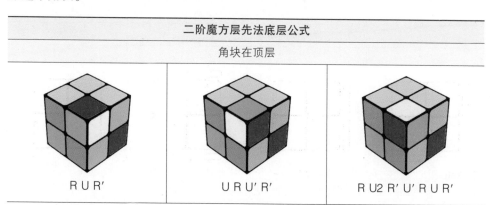

二阶魔方层先法底层公式

角块在顶层

R U R′　　　　　　U R U′ R′　　　　　　R U2 R′ U′ R U R′

（续）

二阶魔方层先法底层公式		
角块在底层		

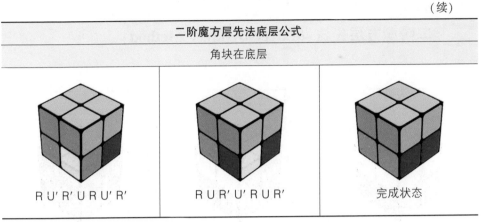

| R U' R' U R U' R' | R U R' U' R U R' | 完成状态 |

2. 调整顶层角块方向（OLL）

这一步是调整顶层角块的方向，将白色块全部调整到顶面。二阶魔方的 OLL 有 7 种状态，可以通过观察顶层白色块的位置来判断。

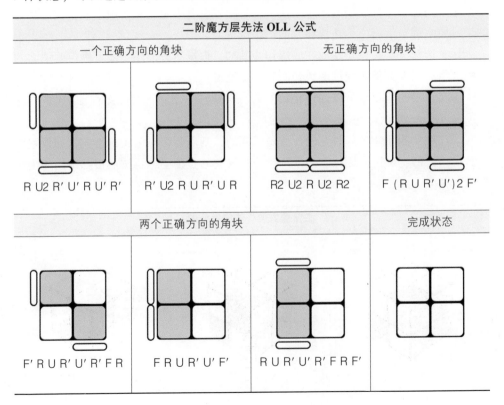

二阶魔方层先法 OLL 公式			
一个正确方向的角块		无正确方向的角块	
R U2 R' U' R U' R'	R' U2 R U R' U R	R2 U2 R U2 R2	F (R U R' U') 2 F'
两个正确方向的角块			完成状态
F' R U R' U' R' F R	F R U R' U' F'	R U R' U' R' F R F'	

3. 还原顶层（PLL）

这一步是调整顶层角块的位置，使顶层还原。二阶魔方的 PLL 有 2 种状态，可以通过观察顶层侧面的两块颜色是否相同来判断。

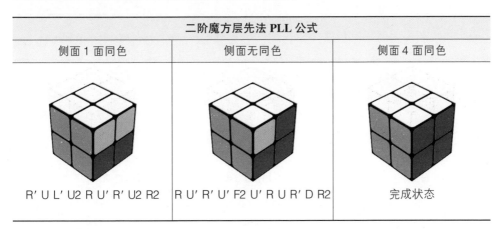

二阶魔方层先法 PLL 公式		
侧面 1 面同色	侧面无同色	侧面 4 面同色
R' U L' U2 R U' R' U2 R2	R U' R' U' F2 U' R U R' D R2	完成状态

3.4 二阶魔方面先法（Ortega Method）

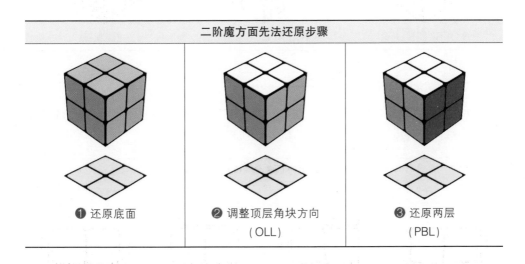

二阶魔方面先法还原步骤		
❶ 还原底面	❷ 调整顶层角块方向（OLL）	❸ 还原两层（PBL）

1. 还原底面

这一步将要还原底面，不考虑底面四个角块的位置是否正确。二阶魔方没有固定的中心块限制，任意状态的二阶魔方都至少有一个角块在它的正确位置上。

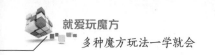

任意选择一个黄色角块放在底层作为基准，然后观察其他黄色角块的位置：

①在顶层的角块，可以通过转动 U 将该角块移动至其正确位置的上方，再将它移动到正确位置；

②在底层的角块，需要调整为正确方向。

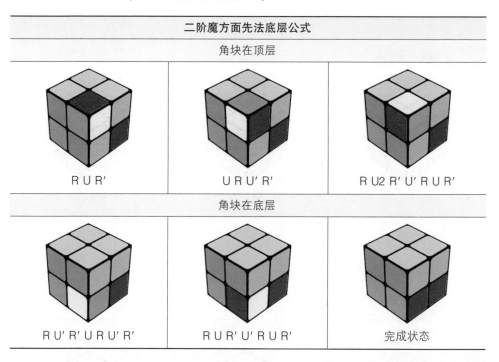

二阶魔方面先法底层公式

角块在顶层		
R U R'	U R U' R'	R U2 R' U' R U R'

角块在底层		
R U' R' U R U' R'	R U R' U' R U R'	完成状态

2. 调整顶层角块方向（OLL）

这一步将要调整顶层角块的方向，使白色块全部在顶面。二阶魔方的 OLL 有 7 种状态，可以通过观察顶层白色块的位置来判断。

二阶魔方面先法 OLL 公式

一个正确方向的角块		无正确方向的角块	
R U2 R' U' R U' R'	R' U2 R U R' U R	R2 U2 R U2 R2	R' F R2 U' R2 F R

（续）

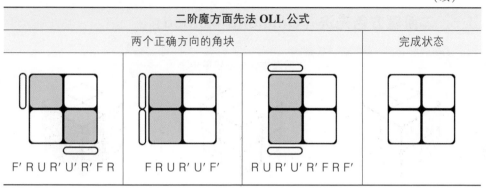

二阶魔方面先法 OLL 公式			
两个正确方向的角块			完成状态
F′ R U R′ U′ R′ F R	F R U R′ U′ F′	R U R′ U′ R′ F R F′	

3. 还原两层（PBL）

这一步是调整顶层角块的位置，使顶层还原。二阶魔方的 PBL 有 5 种状态，可以通过分别观察顶层和底层的侧面的两块颜色是否相同来判断。

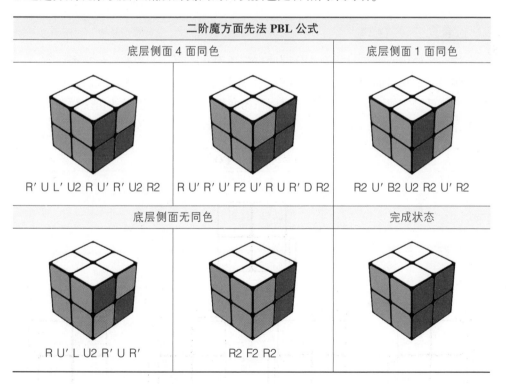

二阶魔方面先法 PBL 公式		
底层侧面 4 面同色		底层侧面 1 面同色
R′ U L′ U2 R U′ R′ U2 R2	R U R′ U′ F2 U′ R U R′ D R2	R2 U′ B2 U2 R2 U′ R2
底层侧面无同色		完成状态
R U′ L U2 R′ U R′	R2 F2 R2	

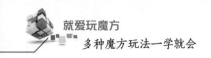
3.5 二阶魔方色先法（Guimond Method）

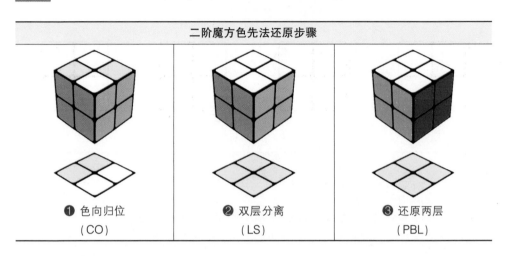

二阶魔方色先法还原步骤
❶ 色向归位 （CO） ❷ 双层分离 （LS） ❸ 还原两层 （PBL）

1. 色向归位（CO）

这一步要将两种相对的颜色分别调整到顶面和底面，不考虑颜色是否一致。

将魔方上相对的颜色视为一种颜色（通常为白和黄、红和橙、蓝和绿），选择某种颜色已经完成 3 块或 4 块的某一面作为底面，底层色向错误的角块放置在 DBL 位置，然后进行色向归位。

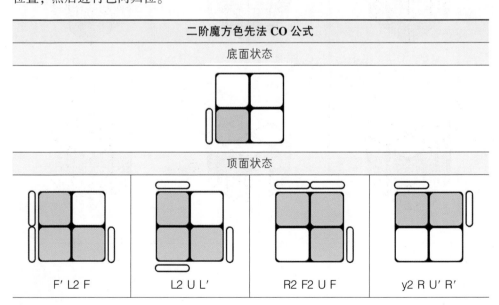

二阶魔方色先法 CO 公式
底面状态
顶面状态
F′ L2 F	L2 U L′	R2 F2 U F	y2 R U′ R′

（续）

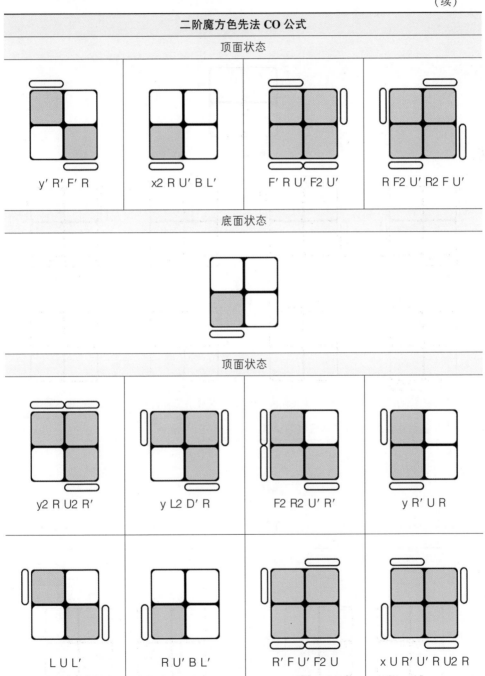

（续）

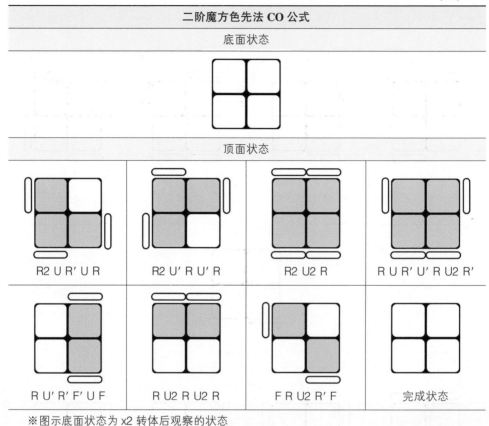

二阶魔方色先法 CO 公式

底面状态

顶面状态

R2 U R' U R	R2 U' R U' R	R2 U2 R	R U R' U' R U2 R'

R U' R' F' U F	R U2 R U2 R	F R U2 R' F	完成状态

※图示底面状态为 x2 转体后观察的状态

2. 双层分离（LS）

这一步要将已经处于顶面和底面的两种颜色分离到顶面和底面。可以通过观察某一种颜色在顶面和底面的状态来判断。

二阶魔方色先法 LS 公式			
顶面	底面	顶面	底面
R2 U2 F2		R2 U' R2	

（续）

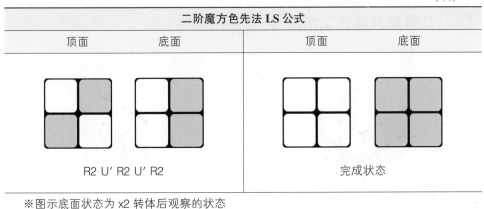

二阶魔方色先法 LS 公式			
顶面	底面	顶面	底面
R2 U′ R2 U′ R2		完成状态	

※图示底面状态为 x2 转体后观察的状态

3. 还原两层（PBL）

　　这一步是调整顶层角块的位置，使顶层还原。二阶魔方的 PBL 有 5 种状态，可以通过分别观察顶层和底层的侧面的两块颜色是否相同来判断它是哪种状态。

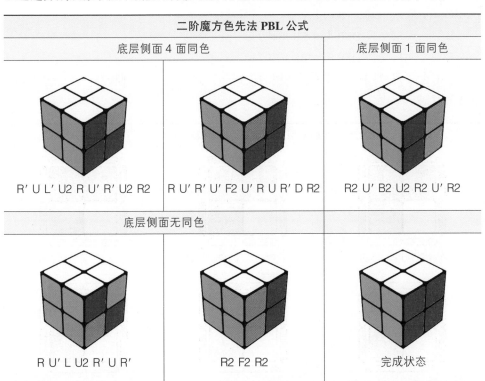

二阶魔方色先法 PBL 公式		
底层侧面 4 面同色		底层侧面 1 面同色
R′ U L′ U2 R U′ R′ U2 R2	R U′ R′ U′ F2 U′ R U R′ D R2	R2 U′ B2 U2 R2 U′ R2
底层侧面无同色		
R U′ L U2 R′ U R′	R2 F2 R2	完成状态

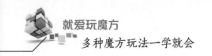

3.6 二阶魔方层先二步法

二阶魔方层先二步法还原步骤	
 ❶ 还原底层	 ❷ 还原顶层 （CLL）

EG 公式可以同时调整顶层角块的位置和方向、底层角块的位置，共有 128 种状态，其中包含 PBL 的 8 种状态和 CLL 的 40 种状态。

EG 公式分为三类。

EG0：底层正确，即 CLL。

EG1：底层交换 DFR 与 DFL 角块。

EG2：底层交换 DFR 与 DBL 角块。

CLL 公式可以同时调整顶层角块的位置和方向，共有 42 种状态，其中包含 PLL 的 2 种状态。

二阶魔方层先二步法 CLL（EG0）公式		
R U R' U R U2 R'	U' R' F R2 F' R U2 R' U' R2	R U' R' F R' F' R
F R' F' R U2 R U2 R'	U2 L U2 L F' L' F	U' R' U' R D' R' U R U' R U' R

（续）

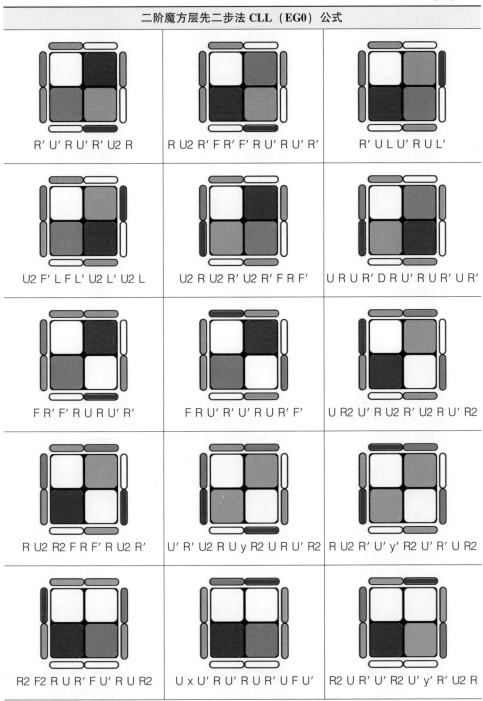

二阶魔方层先二步法 CLL（EG0）公式		
R′ U′ R U′ R′ U2 R	R U2 R′ F R′ F′ R U′ R U′ R′	R′ U L U′ R U L′
U2 F′ L F L′ U2 L′ U2 L	U2 R U2 R′ U2 R′ F R F′	U R U R′ D R U′ R U R′ U R′
F R′ F′ R U R U′ R′	F R U′ R′ U′ R U R′ F′	U R2 U′ R U2 R′ U2 R U′ R2
R U2 R2 F R F′ R U2 R′	U′ R′ U2 R U y R2 U R U′ R2	R U2 R′ U′ y′ R2 U′ R′ U R2
R2 F2 R U R′ F U′ R U R2	U x U′ R U′ R U R′ U F U′	R2 U R′ U′ R2 U′ y′ R′ U2 R

109

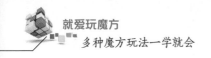

（续）

二阶魔方层先二步法 CLL（EG0）公式

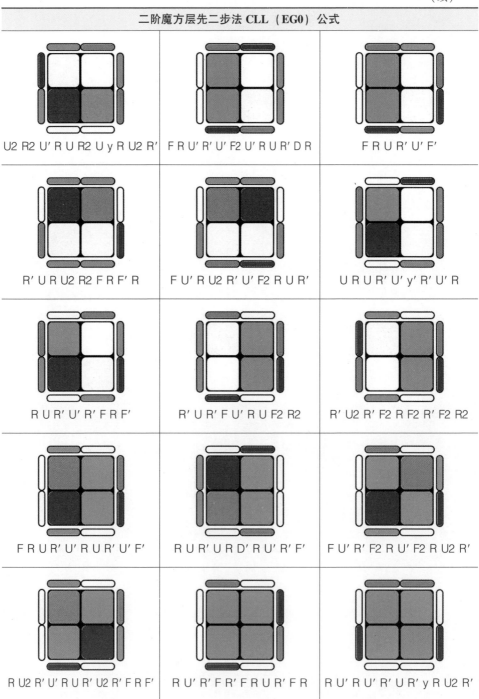

U2 R2 U' R U R2 U y R U2 R'	F R U' R' U' F2 U' R U R' D R	F R U R' U' F'
R' U R U2 R2 F R F' R	F U' R U2 R' U' F2 R U R'	U R U R' U' y' R' U' R
R U R' U' R' F R F'	R' U R' F U' R U F2 R2	R' U2 R' F2 R F2 R' F2 R2
F R U R' U' R U R' U' F'	R U R' U R D' R U' R' F'	F U' R' F2 R U' F2 R U2 R'
R U2 R' U' R U R' U2 R' F R F'	R U' R' F R' F R U R' F R	R U' R U R' U R U' y R U2 R'

（续）

二阶魔方层先二步法 CLL（EG0）公式

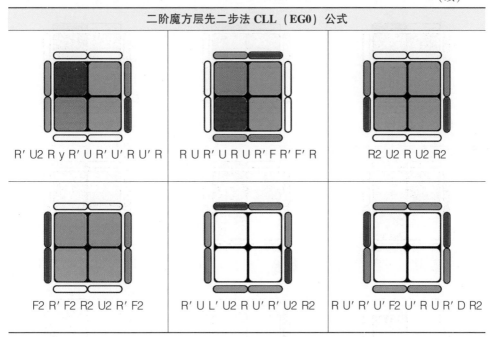

R′ U2 R y R′ U R′ U′ R U′ R   R U R′ U R U R′ F R′ F′ R   R2 U2 R U2 R2

F2 R′ F2 R2 U2 R′ F2   R′ U L′ U2 R U′ R′ U2 R2   R U′ R′ U′ F2 U′ R U R′ D R2

3.7 二阶魔方面先二步法

二阶魔方面先二步法还原步骤

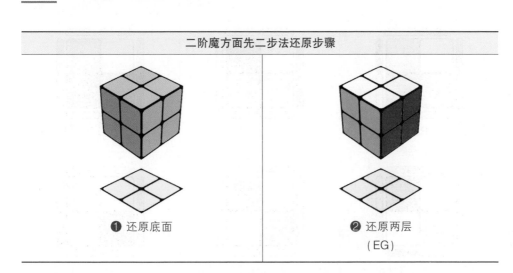

❶ 还原底面   ❷ 还原两层
(EG)

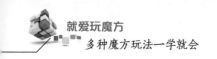
二阶魔方面先二步法 CLL（EG1）公式

U' F' L U2 F2 L F'	R U R' F2 U F R U R'	F' U R U' R' U F R U R'
U2 F2 L' U' L U' F U' F2	R' F R2 U' R' U L F' L' F	R' U' F R2 U' R2 U2 F R
U' B U' R2 F2 U' F	R U' F2 R U2 R U' F	R U' R' F' U' R U R' U' F
R U2 R' y' R2 U R' U2 R'	R' U F R F U2 R' F U' F2	U F2 U R' U R' U F' R2
U2 R' F R F' R' F R U R U2 R'	R U' R' U R U' R2 F' R F	R' F R2 U R' F' R U2 R'

（续）

二阶魔方面先二步法 CLL（EG1）公式		
R′ U R2 U′ R2 U′ F R2 U′ R′	R U′ R′ y′ R′ U2 R′ U R2	U L′ U L y′ R U2 R U′ R2
U′ x U′ R2 U′ R2 U′ B′ U2 R2	U′ R′ F R F′ R′ F R2 U′ R′	R′ F R2 U′ R′ U y′ R U R′
R U′ R′ U R U′ R′ U′ F R U′ R′	U2 F′ U2 R U2 R′ U2 F	y′ U R′ U2 R′ U2 R′ U′ R2
U R U′ R′ U2 F R U2 R′ F	R U′ R2 F U′ R2 U R	U′ F′ R′ F R2 U R′ U′ R U R′
R2 U R U′ R2 F R U2 R′ F	R U R′ F′ R U2 R′ U y R′ F R	R U L′ R′ U′ R U R′ U′ L

（续）

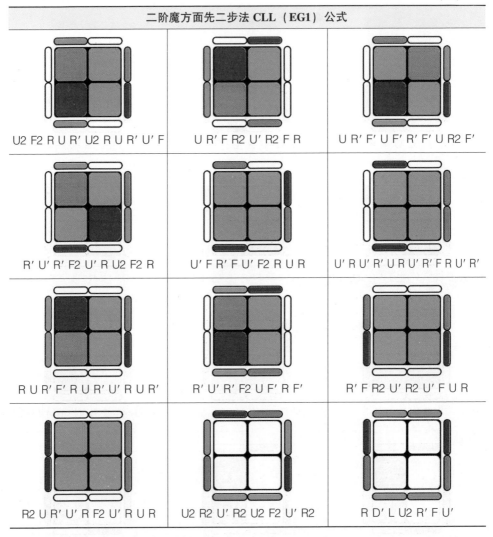

二阶魔方面先二步法 CLL（EG1）公式		
U2 F2 R U R' U2 R U R' U' F	U R' F R2 U' R2 F R	U R' F' U F' R' F' U R2 F'
R' U' R' F2 U' R U2 F2 R	U' F R' F U' F2 R U R	U' R U' R' U R U' R' F R U' R'
R U R' F' R U R' U' R U R'	R' U' R' F2 U F' R F'	R' F R2 U' R2 U' F U R
R2 U R' U' R F2 U' R U R	U2 R2 U' R2 U2 F2 U' R2	R D' L U2 R' F U'

二阶魔方面先二步法 CLL（EG2）公式		
U' F U' R2 U' R' U2 R U' R2 F'	R U R' U R U2 R B2 R2	U F R2 F' R2 F' R U' R

（续）

二阶魔方面先二步法 CLL（EG2）公式

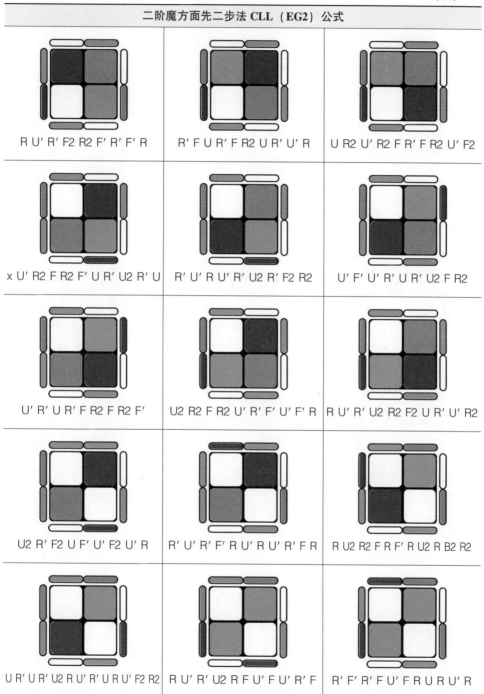

R U' R' F2 R2 F' R' F' R	R' F U R' F R2 U R' U' R	U R2 U' R2 F R' F R2 U' F2
x U' R2 F R2 F' U R' U2 R' U	R' U' R U' R' U2 R' F2 R2	U' F' U' R' U R' U2 F R2
U' R' U R' F R2 F R2 F'	U2 R2 F R2 U' R' F' U' F' R	R U' R' U2 R2 F2 U R' U' R2
U2 R' F2 U F' U' F2 U' R	R' U' R' F' R U' R U' R' F R	R U2 R2 F R F' R U2 R B2 R2
U R' U R U2 R U' R' U R U' F2 R2	R U' R' U2 R F U' F U' R' F	R' F' R' F U' F R U R U' R

115

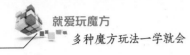
（续）

二阶魔方面先二步法 CLL（EG2）公式

U F R U R' U' F R2 F2	U2 R' F' U' F U2 L' U2 R U' R	R2 F2 R F' R U R U' R' F
R2 B2 R' U R' U' R' F R F'	U2 R' F' U' R U2 R' U F R	U R' U R F U' R U' R' U2 R2
z' U' R2 U' R2 U R2 U	R' U R' F U' R U R2	F R' U2 R' U' R U2 F'
U R U' R2 F R' F2 U' R U R'	U' F2 R2 F U' R' F R F	U R U' R' U2 R' F U R' U' F R2
R U' R2 U' F2 R' U2 R' F	F R2 F2 R U R2 U2 R	R U R F2 R2 U' R U2 R'

（续）

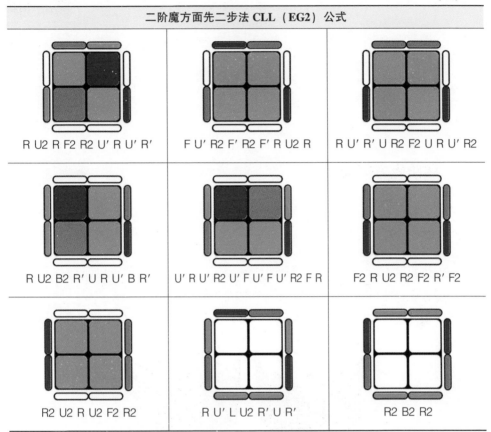

二阶魔方面先二步法 CLL（EG2）公式

R U2 R F2 R2 U′ R U′ R′　　F U′ R2 F′ R2 F′ R U2 R　　R U′ R′ U R2 F2 U R U′ R2

R U2 B2 R′ U R U′ B R′　　U′ R U′ R2 U′ F U′ F U′ R2 F R　　F2 R U2 R2 F2 R′ F2

R2 U2 R U2 F2 R2　　R U′ L U2 R′ U R′　　R2 B2 R2

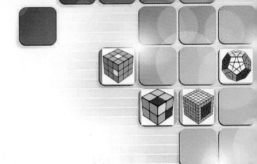

第 4 章　四阶魔方玩法

4.1　四阶魔方简介

四阶魔方（英文为 Rubik's Revenge 或 Master Cube），由彼得·塞波斯坦尼（Péter Sebestény）在 1981 年发明。它是六轴六面体魔方，有 8 个角块、24 个中心块、24 个棱块，外层转动将移动 4 个角块、8 个棱块和 4 个中心块，内层转动将移动 4 个棱块和 8 个中心块。四阶魔方共有约 7.40×10^{45} 种状态。世界魔方协会认证的四阶魔方比赛项目包括四阶魔方速拧和四阶魔方盲拧。

四阶魔方的每个中心块可以移动，还原时必须按照标准配色才能完成还原。

4.2　四阶魔方转动符号

将魔方平放，并取任意一个面朝向自己，此时朝向自己的面称为"前面"，用字母 F（Front）表示，与前面相对的面称为"后面"，用字母 B（Back）表示；朝向上方的面称为"顶面"，用字母 U（Up）表示，与顶面相对的面称为"底面"，用字母 D（Down）表示；朝向左侧的面称为"左面"，用字母 L（Left）表示，与左面相对的面称为"右面"，用字母 R（Right）表示。

1. **单层转动**

外层顺时针转动 90°：R（右，Right）、L（左，Left）、U（上，Up）、D（下，Down）、F（前，Front）、B（后，Back）。

外层逆时针转动 90°：R′、L′、U′、D′、F′、B′。

外层转动 180°：R2、L2、U2、D2、F2、B2。

第二层顺时针转动 90°：r、l、u、d、f、b。

第二层逆时针转动 90°：r′、l′、u′、d′、f′、b′。

第二层转动 180°：r2、l2、u2、d2、f2、b2。

2. **整体转动**

整体顺时针转动 90°：x（方向同 R）、y（方向同 U）、z（方向同 F）。

整体逆时针转动 90°：x′、y′、z′。

整体转动 180°：x2、y2、z2。

3. **双层转动**

外侧双层顺时针转动 90°：Rw、Lw、Uw、Dw、Fw、Bw。

外侧双层逆时针转动 90°：Rw′、Lw′、Uw′、Dw′、Fw′、Bw′。

外侧双层转动 180°：Rw2、Lw2、Uw2、Dw2、Fw2、Bw2。

中层双层顺时针转动 90°：M（方向同 L）、S（方向同 F）、E（方向同 D）。

中层双层逆时针转动 90°：M′、S′、E′。

中层双层转动 180°：M2、S2、E2。

4. **多层转动**

外侧三层顺时针转动 90°：3R、3L、3U、3D、3F、3B。

外侧三层逆时针转动 90°：3R′、3L′、3U′、3D′、3F′、3B′。

外侧三层转动 180°：3R2、3L2、3U2、3D2、3F2、3B2。

四阶魔方转动说明					
R	U	F	L	D	B

（续）

四阶魔方转动说明					
r	u	f	l	d	b
Rw	Uw	Fw	Lw	Dw	Bw
3R	3U	3F	3L	3D	3B
M	S	E	x	x′	x2
y	y′	y2	z	z′	z2

4.3　四阶魔方降阶法（Reduction Method）

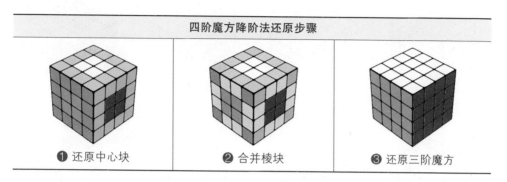

四阶魔方降阶法还原步骤		
❶ 还原中心块	❷ 合并棱块	❸ 还原三阶魔方

1. 还原中心块

这一步将要还原中心块并使中心块的相对位置正确。四阶魔方的中心块位置不固定，可以移动和交换，还原时中心块的位置也需要与魔方的原始配色相同，通常为上白、下黄、前绿、后蓝、左橙、右红。可以通过角块上的颜色来判断它们的相对位置。

每种颜色的中心块都有 4 个，还原第一个面时可以任意选择颜色和方向，通常按照底面和顶面、侧面的顺序依次还原每个面的中心块。

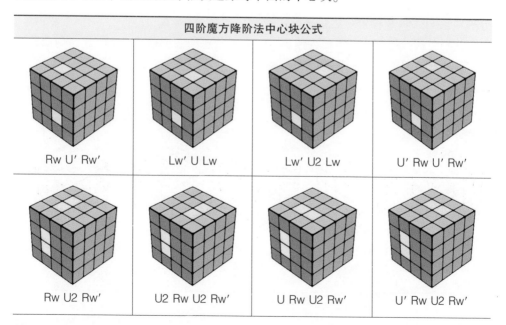

四阶魔方降阶法中心块公式			
Rw U' Rw'	Lw' U Lw	Lw' U2 Lw	U' Rw U' Rw'
Rw U2 Rw'	U2 Rw U2 Rw'	U Rw U2 Rw'	U' Rw U2 Rw'

（续）

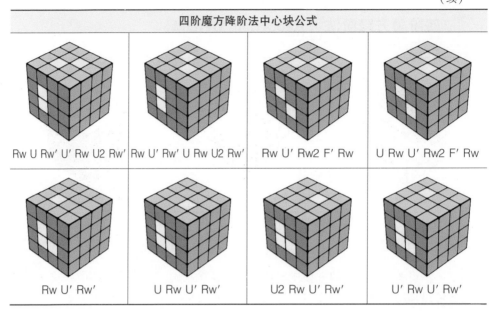

四阶魔方降阶法中心块公式			
Rw U Rw′ U′ Rw U2 Rw′	Rw U′ Rw′ U Rw U2 Rw′	Rw U′ Rw2 F′ Rw	U Rw U′ Rw2 F′ Rw
Rw U′ Rw′	U Rw U′ Rw′	U2 Rw U′ Rw′	U′ Rw U′ Rw′

2. 合并棱块

这一步将要合并全部的棱块，将四阶魔方转化为三阶魔方。四阶魔方的棱块共有12组，每组都有颜色相同的两个块。观察颜色相同的两个棱块的位置，将它们分别移至 FL 和 FR 位置，然后进行并棱。

使用三棱并棱公式时需要将任意一组错误状态的棱块移至 UR 位置，剩余最后两组棱块时需要使用两棱并棱公式。

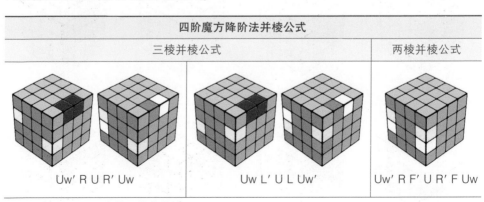

四阶魔方降阶法并棱公式		
三棱并棱公式		两棱并棱公式
Uw′ R U R′ Uw	Uw L′ U L Uw′	Uw′ R F′ U R′ F Uw

※紫色棱块为任意错误状态棱块

3. 还原三阶魔方

还原中心块和合并棱块后，可将四阶魔方视为三阶魔方进行还原，此时四阶魔方的外层相当于三阶魔方的外层，四阶魔方中间两层相当于三阶魔方的中层。

四阶魔方降阶图示	
降阶后的四阶魔方与等价的三阶魔方	

4. 解决特殊状态

降阶后的四阶魔方可能出现特殊状态，例如翻转一组棱块（OLL Parity）、交换两个角块或交换两组棱块（PLL Parity），这些状态在三阶魔方中不会出现，调整后才能继续使用三阶魔方的方法进行还原。

四阶魔方 Parity 公式	
OLL Parity	PLL Parity
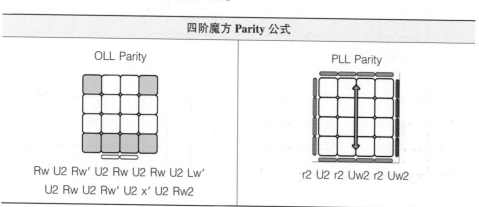	
Rw U2 Rw' U2 Rw U2 Rw U2 Lw' U2 Rw U2 Rw' U2 x' U2 Rw2	r2 U2 r2 Uw2 r2 Uw2

4.4 四阶魔方特殊状态解法（Parity）

Parity 指在高阶魔方上出现的奇置换状态，常见的情况有翻转一组棱块、交换两个角块、交换两组棱块，通常在越早的阶段调整，Parity 所需步骤越少。

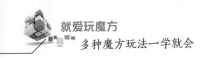

1. OLL Parity

四阶魔方 OLL 状态共有 109 种，其中包括 OLL 标准状态 55 种和 OLL Parity 状态 54 种。

四阶魔方 OLL Parity 公式
O = Rw U2 Rw' U2 Rw U2 Rw U2 Lw' U2 Rw U2 Rw' U2 x' U2 Rw2
T = Rw U2 Rw U2 Rw' U2 Rw U2 Lw' U2 Rw U2 Rw' U2 x' Rw' U2 Rw'

O	R' O U2 R	3L U 3L' O U2 3L U' 3L'	3R' U' 3R O U2 3R' U 3R
R' D R2 O U2 R2 D' R	L R' O U2 R L'	L B' R2 O U2 R2 B L'	B' R2 O U2 R2 B
B L2 O U2 L2 B'	B' R' O U2 R B	B L O U2 L' B'	3L' U' L U' L' O U2 3L
3R U R' U R O U2 3R'	B2 R2 O U2 R2 B2	B2 L2 O U2 L2 B2	3L O L' U' L U' 3L'

124

（续）

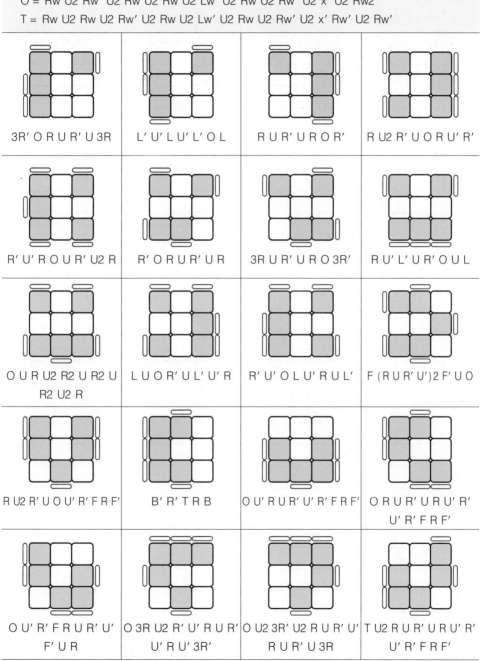

四阶魔方 OLL Parity 公式

O = Rw U2 Rw' U2 Rw U2 Rw U2 Lw' U2 Rw U2 Rw' U2 x' U2 Rw2

T = Rw U2 Rw U2 Rw' U2 Rw U2 Lw' U2 Rw U2 Rw' U2 x' Rw' U2 Rw'

3R' O R U R' U 3R	L' U' L U' L' O L	R U R' U R O R'	R U2 R' U O R U' R'
R' U' R O U R' U2 R	R' O R U R' U R	3R U R' U R O 3R'	R U' L' U R' O U L
O U R U2 R2 U R2 U R2 U2 R	L U O R' U L' U' R	R' U' O L U' R U L'	F (R U R' U') 2 F' U O
R U2 R' U O U' R' F R F'	B' R' T R B	O U' R U R' U' R' F R F'	O R U R' U R U' R' U' R' F R F'
O U' R' F R U R U' F' U R	O 3R U2 R' U' R U R' U' R U' 3R'	O U2 3R' U2 R U R U' R U R' U 3R	T U2 R U R' U R U' R' U' R' F R F'

(续)

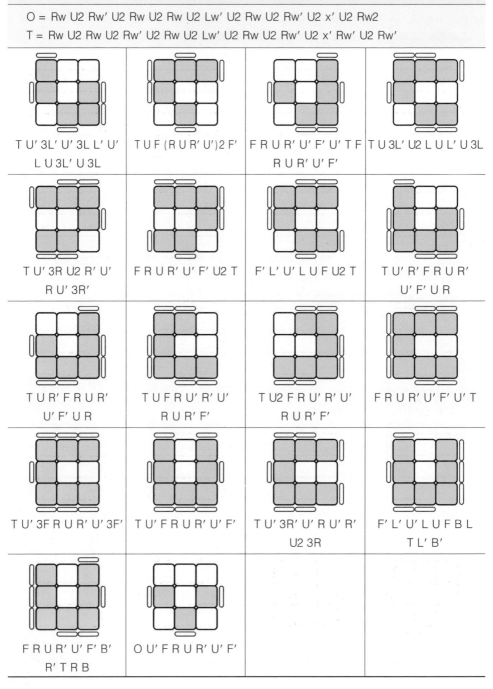

四阶魔方 OLL Parity 公式

O = Rw U2 Rw' U2 Rw U2 Rw U2 Lw' U2 Rw U2 Rw' U2 x' U2 Rw2

T = Rw U2 Rw U2 Rw' U2 Rw U2 Lw' U2 Rw U2 Rw' U2 x' Rw' U2 Rw'

T U' 3L' U' 3L L' U' L U 3L' U 3L	T U F (R U R' U')2 F'	F R U R' U' F' U' T F R U R' U' F'	T U 3L' U2 L U L' U 3L
T U' 3R U2 R' U' R U' 3R'	F R U R' U' F' U2 T	F' L' U' L U F U2 T	T U' R' F R U R' U' F' U R
T U R' F R U R' U' F' U R	T U F R U' R' U' R U R' F'	T U2 F R U' R' U' R U R' F'	F R U R' U' F' U' T
T U' 3F R U R' U' 3F'	T U' F R U R' U' F'	T U' 3R' U' R U R' U2 3R	F' L' U' L U F B L T L' B'
F R U R' U' F' B' R' T R B	O U' F R U R' U' F'		

2. PLL Parity

四阶魔方 PLL 状态共有 43 种，其中包括 PLL 标准状态 21 种和 PLL Parity 状态 22 种。

四阶魔方 PLL Parity 公式			
r2 U2 r2 Uw2 r2 Uw2	R2 D' Rw2 U2 F2 r2 F2 U2 Rw2 D R2	R U' 3L U2 3R' U 3R U2 3L2 B r2 U2 r2 Uw2 r2 u2	Rw2 F2 U2 y Rw2 U' Rw2 U D Rw2 D' Rw2 y' R2 U2 F2 Rw2
Uw2 r2 Uw2 r2 U2 l2 U M2 U' M' U2 D2 M D2	D2 M' D2 U2 M U M2 U' L2 U2 r2 Uw2 r2 Uw2	R2 Uw2 B2 R2 Uw2 B2 R2 U R2 B2 R2 U B2 Uw2	Rw2 U B2 R D' R D R' U R U' R' U r2 U2 B2 Rw2
Uw2 Rw2 y U R U' R' U2 L' U L U' L F2 L' y' Rw2 U2 Rw2 Uw2	z B2 Rw2 R B2 R2 U2 Rw2 R' U2 R B2 Rw2 U2 R' B2 z'	Lw2 U y' R2 U' L2 U R2 U y' R2 U2 F2 Rw2	Lw2 U' y R2 U L2 U' R2 U' y r2 U2 B2 Rw2
F2 L' U' L F2 R' D R' D' Rw2 U2 r2 Uw2 r2 Uw2	F2 R U R' F2 L D' L D Lw2 U2 l2 Uw2 l2 Uw2	F2 U Rw2 U' B2 U' F2 U B2 U' R2 F2 U2 Rw2 U' F2	F2 U Rw2 U2 F2 r2 U B2 U' F2 U B2 U Rw2 U' F2

（续）

四阶魔方 PLL Parity 公式			
		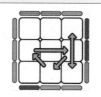	
R2 F2 Uw2 R2 U F2 U' Uw2 F2 U' R2 U' Uw2 R2	R2 Uw2 U R2 U F2 Uw2 U F2 U' R2 Uw2 F2 R2	R2 Uw2 U' R2 U' B2 Uw2 U' B2 U R2 Uw2 B2 R2	R2 B2 Uw2 R2 U' B2 U Uw2 B2 U R2 Uw2 U R2
z U2 R U2 Rw2 F2 R' U2 Rw2 R U2 R2 F2 Rw2 R' U2 z'	z U2 R' U2 Rw2 B2 R U2 Rw2 R' U2 R2 B2 Rw2 R U2 z'		

4.5 四阶魔方 Yau 法

四阶魔方 Yau 法还原步骤		
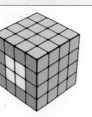		
❶ 还原相对的 2 组中心块	❷ 还原底面 3 组棱块	❸ 还原侧面中心块
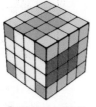		
❹ 还原底层棱块	❺ 合并剩余棱块	❻ 还原三阶魔方

1.　还原相对的 2 组中心块

这一步将要还原处于相对位置的 2 组中心块。在后续步骤中将要进行 Cross 的还原，所以通常选择还原常用底面颜色的中心块和相对面的中心块。

此步骤中的公式与 4.3"四阶魔方降阶法"中"还原中心块"的公式相同，读者可参阅，此处不再列出。

2.　还原底面 3 组棱块

这一步将要合并 3 组底层棱块并放在正确位置。由于底面和顶面中心块已经还原，将还原好的中心块放在 L 面和 R 面，利用中层和 U 层并棱，并棱后将棱块移动至 L 面且与其他棱块的相对位置正确。

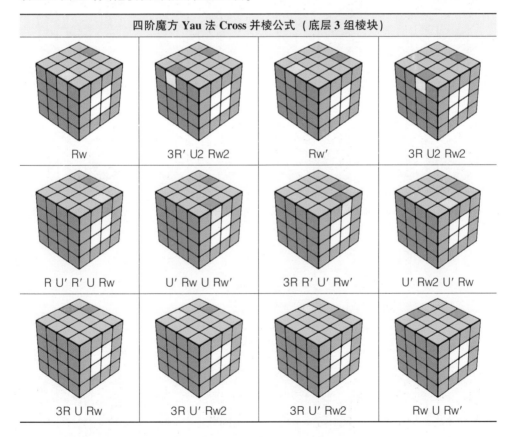

四阶魔方 Yau 法 Cross 并棱公式（底层 3 组棱块）			
Rw	3R′ U2 Rw2	Rw′	3R U2 Rw2
R U′ R′ U Rw	U′ Rw U Rw′	3R R′ U′ Rw′	U′ Rw2 U′ Rw
3R U Rw	3R U′ Rw2	3R U′ Rw2	Rw U Rw′

3.　还原侧面中心块

这一步将要还原侧面 4 组中心块。底面和顶面中心块同样放在 L 面和 R 面保持

不变，转动 U 和 Rw 还原侧面中心块。由于底层棱块已还原 3 组，需要用 3R 转动
代替 x 转体，将未还原的位置保持在 UL 位置，防止已还原的 3 组棱块被破坏。

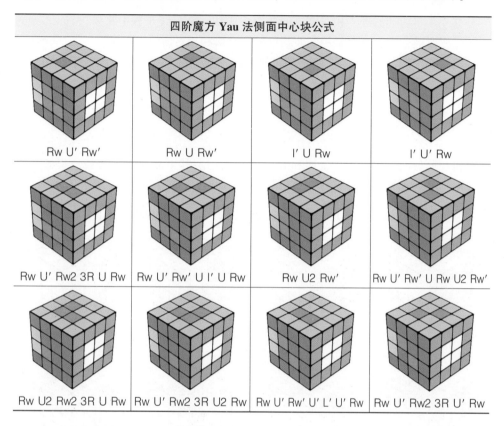

四阶魔方 Yau 法侧面中心块公式

Rw U' Rw'	Rw U Rw'	I' U Rw	I' U' Rw
Rw U' Rw2 3R U Rw	Rw U' Rw' U I' U Rw	Rw U2 Rw'	Rw U' Rw' U Rw U2 Rw'
Rw U2 Rw2 3R U Rw	Rw U' Rw2 3R U2 Rw	Rw U' Rw' U' L' U' Rw	Rw U' Rw2 3R U' Rw

4. 还原底层棱块

这一步将要还原最后 1 组底层棱块，完成 Cross。将最后 1 组 Cross 棱块移动至
M 层或 U 层，然后进行并棱和归位。

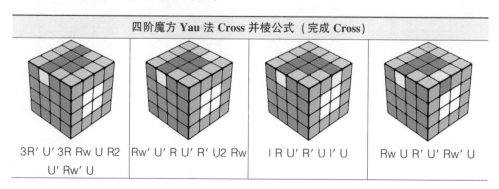

四阶魔方 Yau 法 Cross 并棱公式（完成 Cross）

| 3R' U' 3R Rw U R2 U' Rw' U | Rw' U' R U' R' U2 Rw | I R U' R' U I' U | Rw U R' U' Rw' U |

（续）

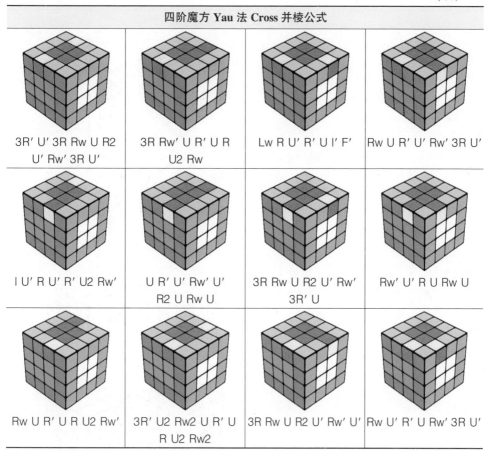

| 四阶魔方 Yau 法 Cross 并棱公式 |

<table>
<tr><td>3R' U' 3R Rw U R2
U' Rw' 3R U'</td><td>3R Rw' U R' U R
U2 Rw</td><td>Lw R U' R' U I' F'</td><td>Rw U R' U' Rw' 3R U'</td></tr>
<tr><td>I U' R U' R' U2 Rw'</td><td>U R' U' Rw' U'
R2 U Rw U</td><td>3R Rw U R2 U' Rw'
3R' U</td><td>Rw' U' R U Rw U</td></tr>
<tr><td>Rw U R' U R U2 Rw'</td><td>3R' U2 Rw2 U R' U
R U2 Rw2</td><td>3R Rw U R2 U' Rw' U'</td><td>Rw U R' U Rw' 3R U'</td></tr>
</table>

5. 合并剩余棱块

这一步将要合并剩余的 8 组棱块，将四阶魔方转化为三阶魔方。由于 Cross 已经还原，寻找棱块时不需要观察底层棱块，并棱方式通常为 323 并棱或 62 并棱。

| 四阶魔方并棱公式（剩余 2 组或 3 组棱块并棱公式） |

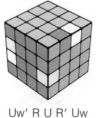

Uw' R U R' Uw

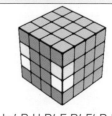

Uw' R U R' F R' F' R Uw

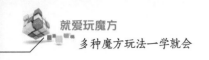
（1）323 并棱

四阶魔方 Yau 法 323 并棱步骤	
❶ 转动 Uw，形成一个"错层"状态，从此状态开始并棱。观察 FL 棱靠上的棱块，找到相同颜色的棱块移至 FR 棱靠下的位置	
❷ 观察 FR 棱靠上的棱块，找到相同颜色的棱块移至 BR 棱靠下的位置，如果相同颜色的棱块在 FL 位置，则 BR 棱可以放置任意一组错误状态的棱块	
❸ 整体转动 y，观察 FR 棱靠上的棱块，找到相同颜色的棱块移至 BR 棱靠下的位置，如果相同颜色的棱块在 FL 或 BL 位置，则 BR 棱可以放置任意一组错误状态的棱块	
❹ 插入三次棱块后，转动 Uw′并棱	
❺ 观察 BR 棱靠上的棱块，找到相同颜色的棱块移至 FR 棱靠下的位置	
❻ 转动 Uw 并棱	

（续）

四阶魔方 Yau 法 323 并棱步骤
❼ 观察 BL 棱靠下的棱块，找到相同颜色的棱块移至 BR 棱靠上的位置。如果相同颜色的棱块在 FL 位置，则 FR 棱可以放置任意一组错误状态的棱块 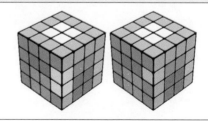
❽ 转动 Uw′并棱 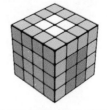
❾ 此时可能剩余 2 组或 3 组棱块未合并，使用并棱公式完成并棱

（2）62 并棱

四阶魔方 Yau 法 62 并棱步骤
❶ 观察 FL 棱靠上的棱块，找到相同颜色的棱块移至 FR 棱靠下的位置 
❷ 观察 FR 棱靠上的棱块，找到相同颜色的棱块移至 BR 棱靠下的位置，如果相同颜色的棱块在 FL 位置，则 BR 棱可以放置任意一组错误状态的棱块 
❸ 整体转动 y，观察 FR 棱靠上的棱块，找到相同颜色的棱块移至 BR 棱靠下的位置，如果相同颜色的棱块在 FL 或 BL 位置，则 BR 棱可以放置任意一组错误状态的棱块 

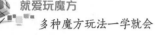

（续）

四阶魔方 Yau 法 62 并棱步骤

❹ 插入三次棱块后，转动 Uw'并棱

❺ 整体转动 y，观察 BR 棱靠上的棱块，找到相同颜色的棱块移至 FR 棱靠下的位置

❻ 观察 FR 棱靠上的棱块，找到相同颜色的棱块移至 FL 棱靠下的位置，如果相同颜色的棱块在 BR 位置，则 FL 棱可以放置任意一组错误状态的棱块

❼ 转动 y'，观察 FR 棱靠上的棱块，找到相同颜色的棱块移至 FL 棱靠下的位置，如果相同颜色的棱块在 BR 或 BL 位置，则 FL 棱可以放置任意一组错误状态的棱块
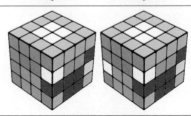

❽ 转动 Uw 并棱

❾ 此时可能剩余 2 组或 3 组棱块未合并，使用并棱公式完成并棱

6. 还原三阶魔方

还原中心块和并棱后，可将四阶魔方视为三阶魔方进行还原，此时四阶魔方的外层相当于三阶魔方的外层，四阶魔方中间两层相当于三阶魔方的中层。

7. 解决特殊状态

降阶后的四阶魔方可能出现特殊状态，例如翻转一组棱块（OLL Parity）、交换两个角块或交换两组棱块（PLL Parity），这些状态在三阶魔方中不会出现，调整后才能继续使用三阶魔方的方法进行还原。

4.6　四阶魔方 Hoya 法

四阶魔方 Hoya 法还原步骤	
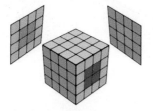 ❶ 还原底面中心块和侧面 3 组中心块	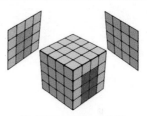 ❷ 还原 3 组底层棱块

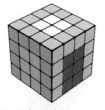
❸ 还原底层棱块和中心块

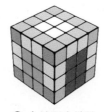
❹ 合并剩余棱块

❺ 还原三阶魔方

1. 还原底面中心块和侧面 3 组中心块

这一步将要还原底面中心块以及任意 3 组侧面中心块。在后续步骤中将要进行 Cross 的还原，所以通常选择还原常用底面颜色的中心块。

此步骤中的公式与 4.3 "四阶魔方降阶法"中"还原中心块"的公式相同，读者可参阅，此处不再列出。

2. 还原 3 组底层棱块

这一步将要合并 3 组底层棱块并放在正确位置。利用未还原中心块的 U 面和 F 面来并棱，并棱后利用 D 层转动来调整 Cross 的位置，使三组棱块的相对位置正确。

四阶魔方 Hoya 法 Cross 并棱公式

U Rw U' Rw'	U F' Rw U' Rw'	U F Rw U' Rw'	U L F' Lw' U l
U Rw U Rw' U R' F R	R' U F Rw U' Rw'	U2 Rw2 R' U R' U' R2 F	U' R' F R U' Lw' U Lw
U L F' L' U' Lw' U Lw	Rw U' Rw' U' F2	U F2 U2 Rw U' Rw'	U F2 Rw U' Rw'
Rw' F' Rw F' Rw' F Rw	F' L' Rw U' Rw' L	U Rw U' Rw' F2	Lw' U' Lw F'
F2 U Lw' U2 Lw	F2 Lw' U Lw	Rw U Rw' U' F2	F U' F Lw' U Lw

（续）

四阶魔方 Hoya 法 Cross 并棱公式			
		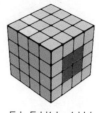	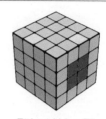
F' U' F' Lw' U Lw	F' U Lw' U Lw F2	F L F U' Lw' U l	F' Lw' U Lw F2

3. 还原底层棱块和中心块

这一步将要还原最后 1 组底层棱块来完成 Cross，同时还原 U 面和 F 面的中心块。

四阶魔方 Hoya 法 Cross 并棱 + 中心块公式			
U' Rw U' R' U Rw'	U Rw U' Rw'	U2 Rw U2 Rw'	Rw' F Rw2 U2 Rw' F'
Lw' U L U Lw2 F2 Lw' L' F'	Rw U L U L' U' Rw'	F Rw U Rw' F'	F Rw U2 Rw' F'
F' R U2 r' F	Rw U' R' U2 R U Rw'	F Rw U' Rw' U Rw U2 Rw' F'	Rw U' Rw' R U2 R' Rw U' Rw'

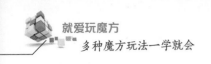

（续）

四阶魔方 Hoya 法 Cross 并棱 + 中心块公式			

Rw U' Rw' F U L' U2 l' U Lw	F R U Rw2 L F L' Rw F'	F' R' Rw U' Rw2 F2 Rw R F	F Rw U Rw2 F2 r F R

4. 合并剩余棱块

这一步将要合并剩余的 8 组棱块，将四阶魔方转化为三阶魔方。由于 Cross 已经还原，寻找棱块时无须观察底层棱块，并棱方式通常为 323 并棱或 62 并棱。

323 并棱和 62 并棱在 4.5 "四阶魔方 Yau 法"的"合并剩余棱块"中已介绍，读者可参阅此部分内容。完成 323 并棱或 62 并棱后，可能剩余 2 组或 3 组棱块未合并，使用并棱公式完成并棱。

四阶魔方并棱公式	

Uw' R U R' Uw	Uw' R U R' F R' F' R Uw

5. 还原三阶魔方

还原中心块和并棱后，可将四阶魔方视为三阶魔方进行还原，此时四阶魔方的外层相当于三阶魔方的外层，四阶魔方中间两层相当于三阶魔方的中层。

6. 解决特殊状态

降阶后的四阶魔方可能出现特殊状态，例如翻转一组棱块（OLL Parity）、交换两个角块或交换两组棱块（PLL Parity），这些状态在三阶魔方不会出现，调整后才能继续使用三阶魔方的方法进行还原。

4.7　四阶魔方 K4 法

四阶魔方 K4 法还原步骤

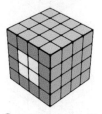

❶ 还原相对的 2 组
中心块

❷ 还原底面 3 组棱块

❸ 还原侧面中心块

❹ 还原底层棱块

❺ 还原三层（F3L）

❻ 还原顶层角块（CLL）

❼ 还原顶层棱块（ELL）

1.　还原相对的 2 组中心块

这一步将要还原处于相对位置的 2 组中心块。在后续步骤中将要进行 Cross 的还原，所以通常选择还原常用底面颜色的中心块和相对面的中心块。

此步骤中的公式与 4.3 "四阶魔方降阶法" 中 "还原中心块" 的公式相同，读者可参阅，此处不再列出。

2.　还原底面 3 组棱块

这一步将要合并 3 组底层棱块并放在正确位置。由于底面和顶面中心块已经还原，将还原好的中心块放在 L 面和 R 面，利用中层和 U 层并棱，并棱后将棱块移动至 L 面且与其他棱块的相对位置正确。

四阶魔方 K4 法 Cross 并棱公式

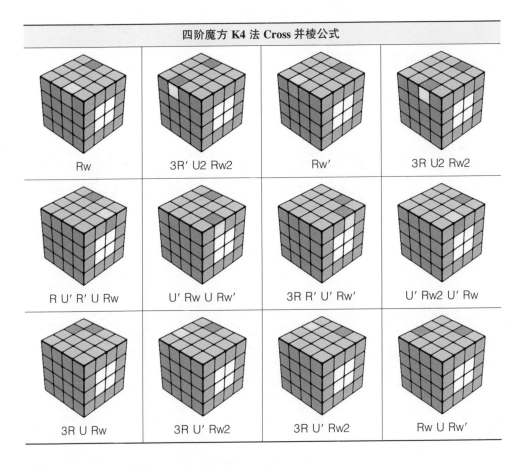

Rw	3R' U2 Rw2	Rw'	3R U2 Rw2
R U' R' U Rw	U' Rw U Rw'	3R R' U' Rw'	U' Rw2 U' Rw
3R U Rw	3R U' Rw2	3R U' Rw2	Rw U Rw'

3. 还原侧面中心块

这一步将要还原侧面 4 组中心块。底面和顶面中心块同样放在 L 面和 R 面保持不变，利用 U 和 Rw 转动还原侧面中心块。由于底层棱块已还原 3 组，需要用 3R 转动代替 x 转体，将未还原的位置保持在 UL 位置，防止已还原的 3 组棱块被破坏。

四阶魔方 K4 法侧面中心块公式

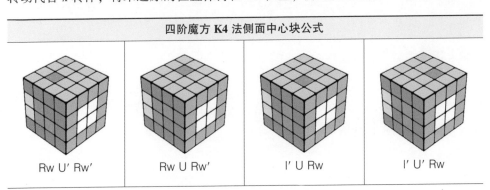

| Rw U' Rw' | Rw U Rw' | I' U Rw | I' U' Rw |

（续）

四阶魔方 K4 法侧面中心块公式			

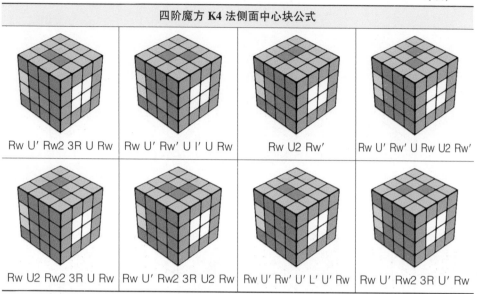

Rw U' Rw2 3R U Rw	Rw U' Rw' U I' U Rw	Rw U2 Rw'	Rw U' Rw' U Rw U2 Rw'
Rw U2 Rw2 3R U Rw	Rw U' Rw2 3R U2 Rw	Rw U' Rw' U' L' U' Rw	Rw U' Rw2 3R U' Rw

4. 还原底层棱块

这一步将要还原最后 1 组底层棱块，完成 Cross。

四阶魔方 K4 法 Cross 并棱公式			

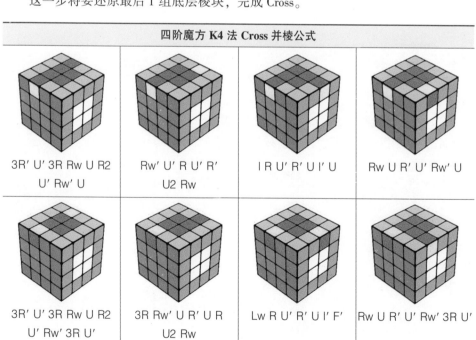

3R' U' 3R Rw U R2 U' Rw' U	Rw' U' R U' R' U2 Rw	I R U' R' U I' U	Rw U R' U' Rw' U
3R' U' 3R Rw U R2 U' Rw' 3R U'	3R Rw' U R' U R U2 Rw	Lw R U' R' U I' F'	Rw U R' U' Rw' 3R U'

（续）

四阶魔方 K4 法 Cross 并棱公式			
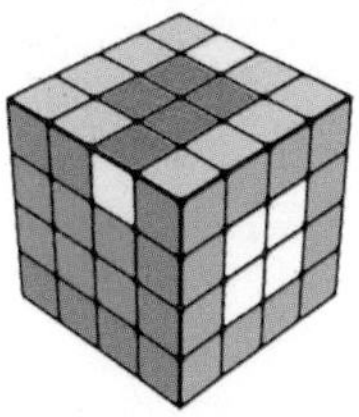 l U′ R U′ R′ U2 Rw′	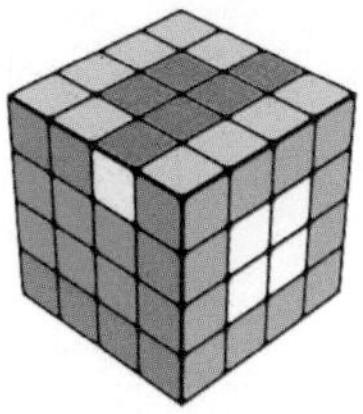 U R′ U′ Rw′ U′ R2 U Rw U	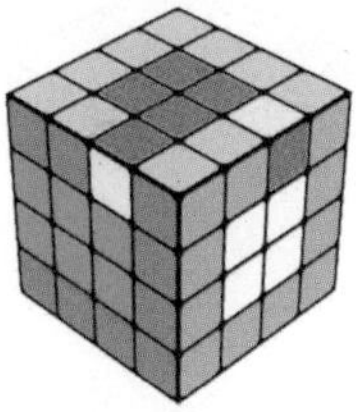 3R Rw U R2 U′ Rw′ 3R′ U	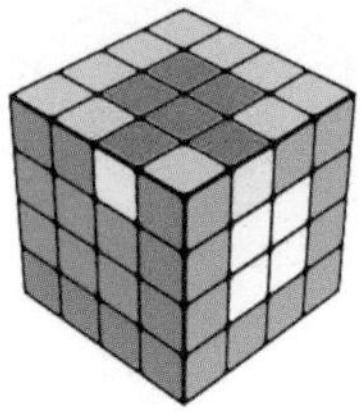 Rw′ U′ R U Rw U
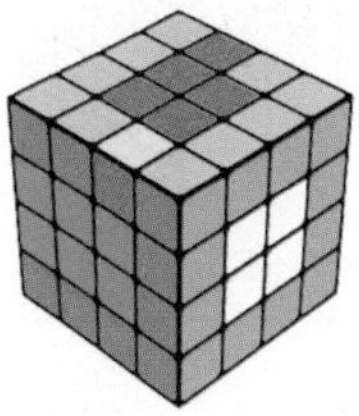 Rw U R′ U R U2 Rw′	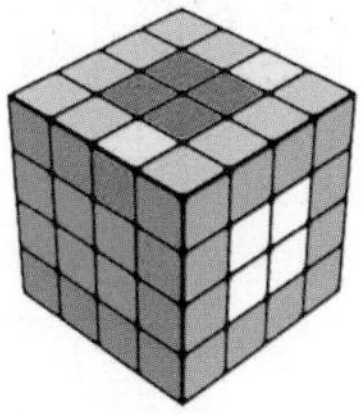 3R′ U2 Rw2 U R′ U R U2 Rw2	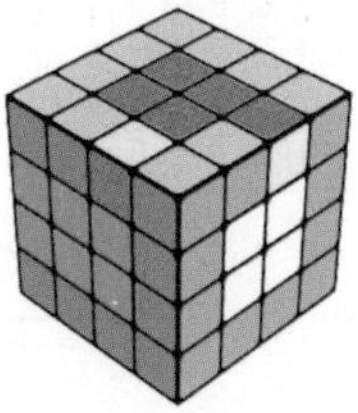 3R Rw U R2 U′ Rw′ U′	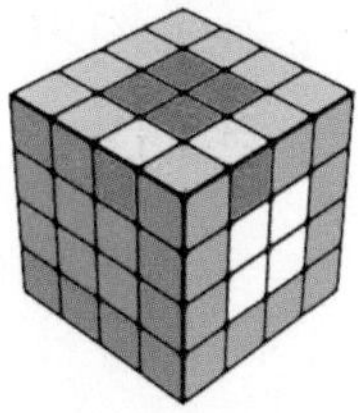 Rw U′ R′ U Rw′ 3R U′

5. 还原三层（F3L）

这一步将要还原底层角块和中层棱块。F3L 类似三阶魔方中的 F2L，每个底层角块都有两个对应的中层棱块组合进行还原。

F3L 通常分为两步来完成，首先使用 F2L 公式将角块与任意一个对应的棱块进行还原，再使用 F3L 公式将另一个对应的棱块进行还原。

四阶魔方 K4 法 F3L 公式			
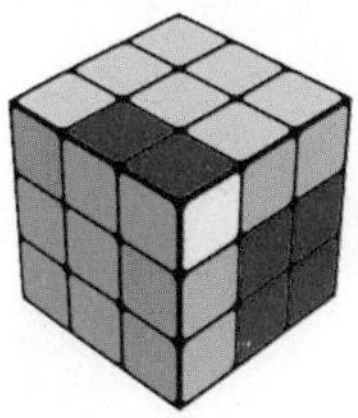 F R′ F′ R	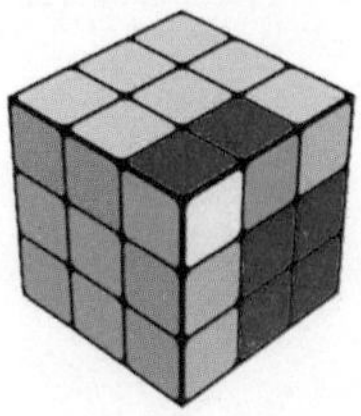 R U′ R′ U2 F′ U′ F	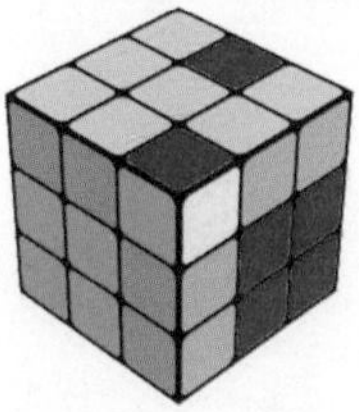 3R′ U2 R2 U R2 U 3R	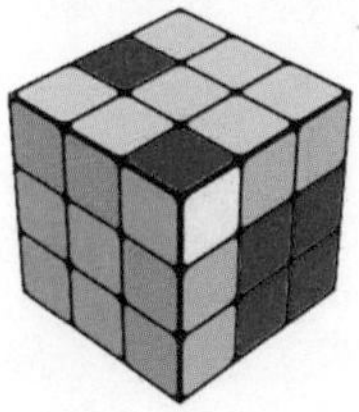 U′ 3R U′ R′ U R U 3R′

（续）

四阶魔方 K4 法 F3L 公式

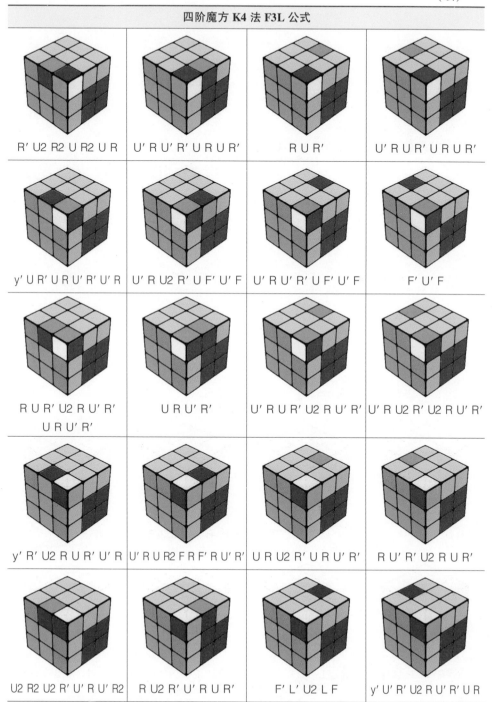

R′ U2 R2 U R2 U R	U′ R U′ R′ U R U R′	R U R′	U′ R U R′ U R U R′
y′ U R′ U R U′ R′ U′ R	U′ R U2 R′ U F′ U′ F	U′ R U′ R′ U F′ U′ F	F′ U′ F
R U R′ U2 R U′ R′ U R U′ R′	U R U′ R′	U′ R U R′ U2 R U′ R′	U′ R U2 R′ U2 R U′ R′
y′ R′ U2 R U R′ U′ R	U′ R U R2 F R F′ R U′ R′	U R U2 R′ U R U′ R′	R U′ R′ U2 R U R′
U2 R2 U2 R′ U′ R U′ R2	R U2 R′ U′ R U R′	F′ L′ U2 L F	y′ U R′ U2 R U′ R′ U R

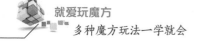

（续）

四阶魔方 K4 法 F3L 公式			

R2 U R2 U R2 U2 R2	U' R' F R F' R U' R'	U' R U R' U F' U' F	U' R U' R' U2 R U' R'
U F' U' F U' R U R'	U' R U2 R' U R U R'	R U' R' U R U' R'	y' R' U' R U R U' R
R U R' U' R U R'	y' R' U R U' R' U R	R2 U2 F R2 F' U2 R' U R'	R' U' R' U' R' U R U R
U R U' R' F R F' R	R U' R' U2 y' R' U' R U' R' U R	R U' R' U R U2 R' U R U' R'	R U' R' U y' R' U' R U' R' U' R
R U' R' U' R U R' U2 R U' R'	U R U' Lw' U R' U' Lw	U R U' R U R' U' R'	y U' L' U Rw U' L U Rw'

（续）

四阶魔方 K4 法 F3L 公式		
　y U′ L′ U l′ U′ L U l		

6. 还原顶层角块（CLL）

CLL 是在前两层完成后将 4 个角块还原的方法，共有 42 种状态，完成 CLL 的平均步数约为 9.18 步。非对称的 CLL 出现概率为 2/81，对称的 CLL 出现概率为 1/81，CLL Skip 的概率为 1/162。

四阶魔方 K4 法 CLL 公式			
R U R′ U R U2 R′	U2 R U R′ U′ R F R F′ R U2 R′	R U′ L′ U R′ U′ L	F R′ F′ R U2 R U2 R′
L′ U2 L U2 L F′ L′ F	R U R′ U′ R′ F R F′ R U R′ U R U2 R′	U2 R′ U′ R U′ R′ U2 R	U R′ U′ R U′ R′ U R′ F R F′ U R
L′ U R U′ L U R′	F′ L F L′ U2 L′ U2 L	R U2 R′ U2 R′ F R F′	R2 D R′ U R D′ R′ U R′ U′ R U′ R′

（续）

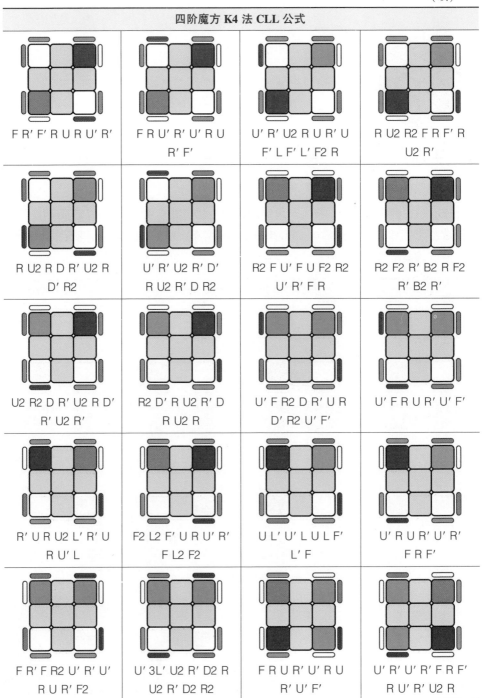

F R′ F′ U R U′ R′	F R U′ R′ U′ R U R′ F′	U′ R′ U2 R U R′ U F′ L F′ L′ F2 R	R U2 R2 F R F′ R U2 R′
R U2 R D R′ U2 R D′ R2	U′ R′ U2 R′ D′ R U2 R′ D R2	R2 F U′ F U F2 R2 U′ R′ F R	R2 F2 R′ B2 R F2 R′ B2 R′
U2 R2 D R′ U2 R D′ R′ U2 R′	R2 D′ R U2 R′ D R U2 R	U′ F R2 D R′ U R D′ R2 U′ F′	U′ F R U R′ U′ F′
R′ U R U2 L′ R′ U R U′ L	F2 L2 F′ U R U′ R′ F L2 F2	U L′ U′ L U L F′ L′ F	U′ R U R′ U′ R′ F R F′
F R′ F R2 U′ R′ U′ R U R′ F2	U′ 3L′ U2 R′ D2 R U2 R′ D2 R2	F R U R′ U′ R U R′ U′ F′	U′ R′ U′ R′ F R F′ R U′ R′ U2 R

（续）

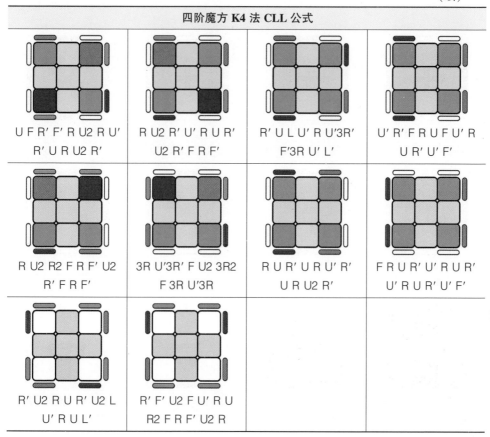

四阶魔方 K4 法 CLL 公式

U F R' F' R U2 R U'
R' R U U2 R'

R U2 R' U' R U R'
U2 R' F R F'

R' U L U' R U'3R'
F'3R U' L'

U' R' F R U F U' R
U R' U' F'

R U2 R2 F R F' U2
R' F R F'

3R U'3R' F U2 3R2
F 3R U'3R

R U R' U R U' R'
U R U2 R'

F R U R' U' R U R'
U' R U R' U' F'

R' U2 R U R' U2 L
U' R U L'

R' F' U2 F U' R
R2 F R F' U2 R

7. 还原顶层棱块（ELL）

四阶魔方 ELL 通常分为两步进行：使用三阶魔方 ELL 公式还原尽量多的棱块；再使用四阶魔方 ELL 公式还原剩余棱块。

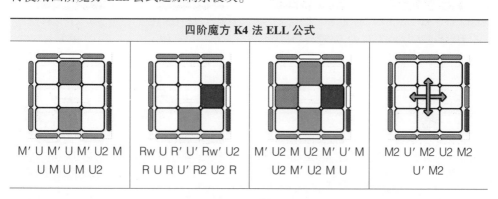

四阶魔方 K4 法 ELL 公式

M' U M' U M' U2 M
U M U M U2

Rw U R' U' Rw' U2
R U R U' R2 U2 R

M' U2 M U2 M' U' M
U2 M' U2 M U

M2 U' M2 U2 M2
U' M2

（续）

四阶魔方 K4 法 ELL 公式

M' U M2 U2 M' U' U2 M' U' M U' M	M' U' M U' M' U' M U' M' U' M U	M' U2 M' U2 M' U' M U2 M U2 M U	M2 U' M2 U' M2 x' U2 M2 U2
M' U M U' M' U M U M' U2 M	y M' U' M U M' U' M U' M' U2 M	M U' M' U2 M U' M U' M' U2 M U' M'2	y2 M' U M U M' U2 M U' M' U' M
M U' M' U2 M U' M2 U M U2 M' U M	M2 U M U2 M' U M2	y' R U R' U' M' U R U' Rw'	M2 U' M' U2 M U M' U' M U2 M U M
M' U' M U M' U2 M U' M' U' M U' M' U' M'	M' U M' U2 M' U' M U M' U2 M U' M'2	y' M' U M' U2 M U M2 U M' U'	y' Rw' U' R U M' U' R' U R
M U' M' U2 M U' M'	M2 U' M' U2 M U' M'2	y' R' U' R U M U' R' U Rw	M2 U M' U2 M U M' U M U2 M U' M

148

（续）

四阶魔方 K4 法 ELL 公式

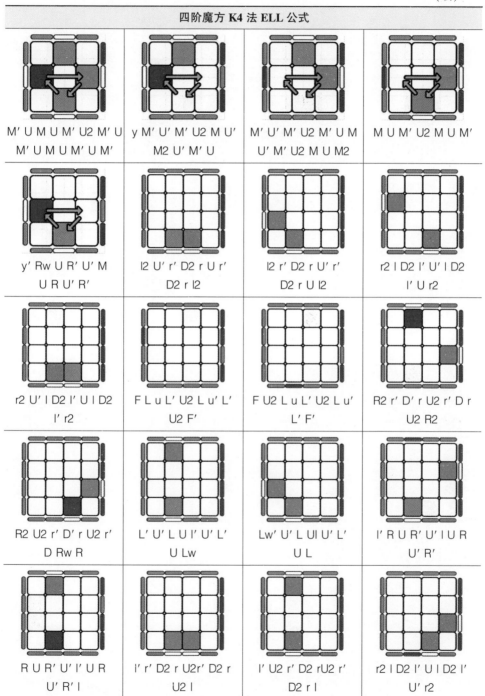

M' U M U M' U2 M' U M' U M U' M' U'	y M' U' M' U2 M U' M2 U' M' U	M' U' M' U2 M' U M U' M' U2 M U M2	M U M' U2 M U M'
y' Rw U R' U' M U R U' R'	l2 U' r' D2 r U r' D2 r l2	l2 r' D2 r U' r' D2 r U l2	r2 l D2 l' U' l D2 l' U r2
r2 U' l D2 l' U l D2 l' r2	F L u L' U2 L u' L' U2 F'	F U2 L u L' U2 L u' L' F'	R2 r' D' r U2 r' D r U2 R2
R2 U2 r' D' r U2 r' D Rw R	L' U' L U l' U' L' U Lw	Lw' U' L U l' U' L' U L	l' R U R' U' l U R U' R'
R U R' U' l' U R U' R' l	l' r' D2 r U2 r' D2 r U2 l	l' U2 r' D2 r U2 r' D2 r l	r2 l D2 l' U l D2 l' U' r2

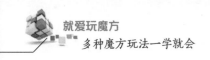

(续)

四阶魔方 K4 法 ELL 公式

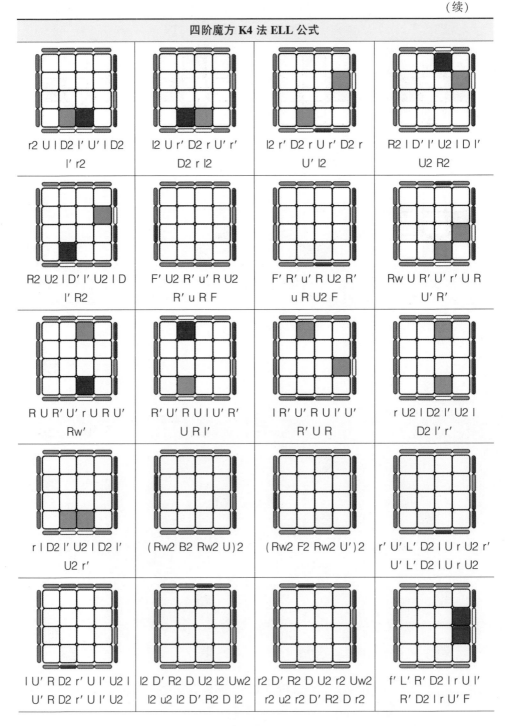

r2 U l D2 l′ U′ l D2 l′ r2	l2 U r′ D2 r U′ r′ D2 r l2	l2 r′ D2 r U r′ D2 r U′ l2	R2 l D′ l′ U2 l D l′ U2 R2
R2 U2 l D′ l′ U2 l D l′ R2	F′ U2 R′ u′ R U2 R′ u R F	F′ R′ u′ R U2 R′ u R U2 F	Rw U R′ U′ r′ U R U′ R′
R U R′ U′ r U R U′ Rw′	R′ U′ R U l U′ R′ U R l′	l R′ U′ R U l U′ R′ U R	r U2 l D2 l′ U2 l D2 l′ r′
r l D2 l′ U2 l D2 l′ U2 r′	(Rw2 B2 Rw2 U)2	(Rw2 F2 Rw2 U′)2	r′ U′ L′ D2 l U r U2 r′ U′ L′ D2 l U r U2
l U′ R D2 r′ U l′ U2 l U′ R D2 r′ U l′ U2	l2 D′ R2 D U2 l2 Uw2 l2 u2 l2 D′ R2 D l2	r2 D′ R2 D U2 r2 Uw2 r2 u2 r2 D′ R2 D r2	f′ L′ R′ D2 l r U l′ R′ D2 l r U′ F

（续）

四阶魔方 K4 法 ELL 公式

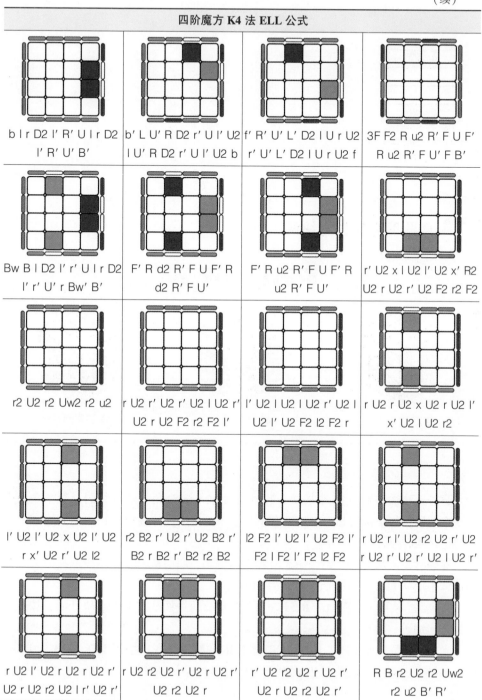

b l r D2 l' R' U l r D2 l' R' U' B'

b' L U' R D2 r' U l' U2 l U' R D2 r' U l' U2 b

f' R' U' L' D2 l U r U2 r' U' L' D2 l U r U2 f

3F F2 R u2 R' F U F' R u2 R' F U' F' B'

Bw B l D2 l' r' U l r D2 l' r' U' r Bw' B'

F' R d2 R' F U F' R d2 R' F U'

F' R u2 R' F U F' R u2 R' F U'

r' U2 x l U2 l' U2 x' R2 U2 r U2 r' U2 F2 r2 F2

r2 U2 r2 Uw2 r2 u2

r U2 r' U2 r' U2 l U2 r' U2 r U2 F2 r2 F2 l'

l' U2 l U2 l U2 r' U2 l U2 l' U2 F2 l2 F2 r

r U2 r U2 x U2 r U2 l' x' U2 l U2 r2

l' U2 l' U2 x U2 l' U2 r x' U2 r' U2 l2

r2 B2 r' U2 r' U2 B2 r' B2 r B2 r' B2 r2 B2

l2 F2 l' U2 l' U2 F2 l' F2 l F2 l' F2 l2 F2

r U2 r l' U2 r2 U2 r' U2 r U2 r l' U2 r2 U2 r' U2 r' U2 l U2 r'

r U2 l' U2 r U2 r U2' U2 r U2 r2 U2 l r' U2 r'

r U2 r2 U2 r' U2 r U2 r' U2 r2 U2 r

r' U2 r2 U2 r U2 r' U2 r U2 r2 U2 r'

R B r2 U2 r2 Uw2 r2 u2 B' R'

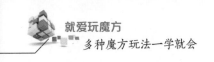

(续)

四阶魔方 K4 法 ELL 公式		
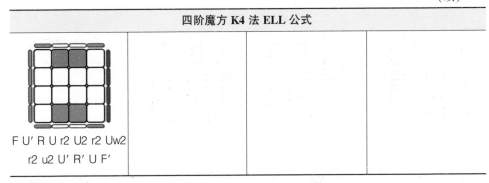 F U' R U r2 U2 r2 Uw2 r2 u2 U' R' U F'		

4.8 四阶魔方盲拧逐块法

四阶魔方盲拧逐块法还原步骤
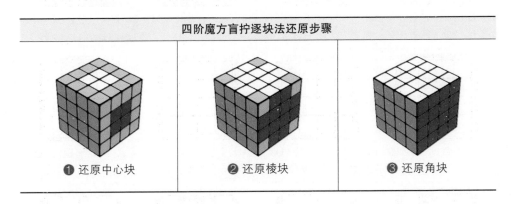
❶ 还原中心块　　　❷ 还原棱块　　　❸ 还原角块

1. 编码定义

盲拧逐块法需要为 24 个棱块、24 个中心块和 8 个角块进行编码，每个角块上有 3 个编码，每个棱块和中心块上有 1 个编码。使用盲拧逐块法还原四阶魔方大约需要记忆 45 个编码。

棱块：顶层从 UFr 开始按照顺时针方向编码，底层从 DFr 开始按照逆时针方向编码，中层从 FRu 开始按照顺时针方向编码。

中心块：按照 U、F、L、B、R、D 的顺序，每个面从左上中心块开始，按照顺时针方向编码。

角块：顶层按照 UFL、UBL、UBR、UBL 的顺序，底层按照 DFL、DBL、DBR、DBL 的顺序，每个角块从 U/D 面开始，按照顺时针方向编码。

四阶魔方盲拧逐块法编码定义	
角块编码定义	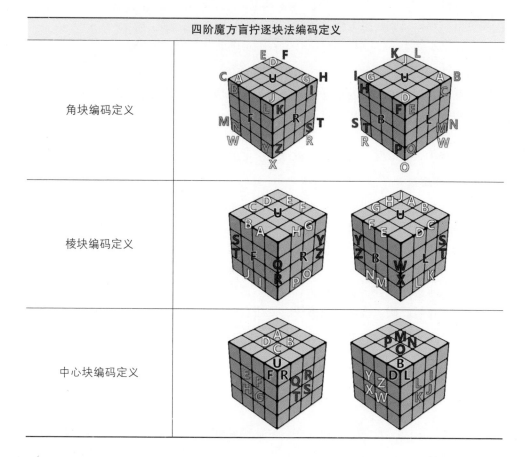
棱块编码定义	
中心块编码定义	

2.　缓冲块

盲拧逐块法利用缓冲块进行逐块还原，缓冲块为置换公式的起始块。角块缓冲块选择 UFR 块，棱块缓冲块选择 UFr 块，中心块缓冲块选择 Ufr 块。

3.　编码方法

四阶魔方没有固定的中心块方向，可以选择任意一个方向开始编码，通常选择一个已还原中心块较多的方向，可以减少编码数量。

（1）中心块编码

①从任意一个未编码的块开始（通常为缓冲块），记下这个位置的编码。

②观察当前位置上的块，找到它正确的面，选择这个面上未编码且未还原的块，记下这个位置的编码。

③重复步骤②，直到编码至 4 个中心块均已编码或已还原的面，可以选择任意

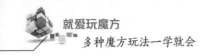
一块进行编码，完成一组编码循环。

　　④重复步骤①～③，直到对所有位置不正确的块都完成编码。

　　（2）棱块编码

　　①从任意一个未编码的块开始（通常为缓冲块），记下这个位置的编码。

　　②观察当前位置上的块，找到它正确的位置，记下这个位置的编码。

　　③重复步骤②，直到编码至第一个观察的块，完成一组编码循环。

　　④重复步骤①～③，直到对所有位置不正确的块都完成编码。

　　（3）角块编码

　　①从任意一个未编码的块开始（通常为缓冲块），选择这个块上的一面（缓冲块为 U 面），记下这个位置的编码。

　　②观察当前位置上的块，找到它正确的位置，记下这个位置的编码。

　　③重复步骤②，直到编码至第一个观察的块，完成一组编码循环。

　　④重复步骤①～③，直到对所有位置不正确的块都完成编码。

　　⑤对于位置正确、方向错误的块，记住它的翻色方向。

四阶魔方盲拧逐块法编码实例
编码方向白色为 U 面、绿色为 F 面

U2 R Uw B Uw L Fw
Uw Fw' R2 D U2 R'
B2 F R' Fw L2 D F2 B'
R2 D2 Uw L2 B2 Uw'
D2 F2 D U2 R U' Fw'
F R2 L2 Rw Fw F2

中心块编码：

（1）从 Ufr 块（缓冲块）开始，编码为 C

　　观察 Ufr 块，它的正确位置为 B 面，选择 Bur 块，编码为 M

　　观察 Bur 块，它的正确位置为 U 面，选择 Ubl 块，编码为 A

　　观察 Ubl 块，它的正确位置为 R 面，选择 Ruf 块，编码为 Q

　　观察 Ruf 块，它的正确位置为 F 面，选择 Ful 块，编码为 E

　　观察 Ful 块，它的正确位置为 L 面，选择 Lub 块，编码为 I

　　观察 Lub 块，它的正确位置为 U 面，Ubl、Ufr 已编码，Ubr 已还原，选择 Ufl 块，编码为 D，U 面全部中心块均已编码

　　观察 Ufl 块，它的正确位置为 D 面，Dfl 已还原，选择 Dfr 块，编码为 X

　　观察 Dfr 块，它的正确位置为 R 面，Ruf 已编码，Rub 已还原，选择 Rbl 块，编码为 S

　　观察 Rbl 块，它的正确位置为 D 面，Dfl 已还原，Dfr 已编码，选择 Dbr 块，编码为 Y

　　观察 Dbr 块，它的正确位置为 B 面，Bur 已编码，选择 Bul 块，编码为 N

　　观察 Bul 块，它的正确位置为 L 面，Lub 已编码，Luf、Ldf 已还原，选择 Ldb 块，编码为 L，L 面全部中心块均已编码

（续）

四阶魔方盲拧逐块法编码实例
编码方向白色为 U 面、绿色为 F 面

U2 R Uw B Uw L Fw
Uw Fw' R2 D U2 R'
B2 F R' Fw L2 D F2 B'
R2 D2 Uw L2 B2 Uw'
D2 F2 D U2 R U' Fw'
F R2 L2 Rw Fw F2

观察 Ldb 块，它的正确位置为 F 面，Ful 已编码，选择 Fur 块，编码为 F

观察 Fur 块，它的正确位置为 R 面，Ruf、Rbl 已编码，Rub 已还原，选择 Rdf 块，编码为 T，R 面全部中心块均已编码

观察 Rdf 块，它的正确位置为 F 面，Ful、Fur 已编码，选择 Fdr 块，编码为 G，F 面全部中心块均已编码

观察 Fdr 块，它的正确位置为 D 面，Dfl 已还原，Dfr、Dbr 已编码，选择 Dbl 块，编码为 Z，D 面全部中心块均已编码

观察 Dbl 块，它的正确位置为 B 面，Bur、Bul 已编码，Bdl 已还原，选择 Bdr 块，编码为 P，B 面全部中心块均已编码

观察 Bdr 块，它的正确位置为 U 面，U 面全部中心块已编码或已还原，选择 U 面任意一块进行编码，选择 Ufr 块，编码为 C，完成一组中心块循环

(2) 全部中心块编码完成
中心块编码：CMAQEIDXSYNLFTGZPC

棱块编码：

(1) 从 UFr 棱（缓冲块）开始，编码为 A
观察 UFr 棱，它的正确位置为 DRf 棱，编码为 P
观察 DRf 棱，它的正确位置为 FRd 棱，编码为 R
观察 FRd 棱，它的正确位置为 UFr 棱，编码为 A
回到起始块，完成一组循环，编码为 APRA

(2) 棱块编码未完成，继续从任意一个未编码的块开始
从 UFl 棱开始，编码为 B
观察 UFl 棱，它的正确位置为 FRu 棱，编码为 Q
观察 FRu 棱，它的正确位置为 FLu 棱，编码为 S
观察 FLu 棱，它的正确位置为 URf 棱，编码为 H
观察 URf 棱，它的正确位置为 DLb 棱，编码为 L
观察 DLb 棱，它的正确位置为 UBr 棱，编码为 F
观察 UBr 棱，它的正确位置为 DRb 棱，编码为 O
观察 DRb 棱，它的正确位置为 BRd 棱，编码为 Z
观察 BRd 棱，它的正确位置为 DBl 棱，编码为 M
观察 DBl 棱，它的正确位置为 BRu 棱，编码为 Y
观察 BRu 棱，它的正确位置为 DFr 棱，编码为 I
观察 DFr 棱，它的正确位置为 ULf 棱，编码为 C

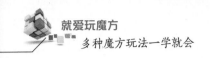

(续)

四阶魔方盲拧逐块法编码实例
编码方向白色为 U 面、绿色为 F 面

U2 R Uw B Uw L Fw
Uw Fw' R2 D U2 R'
B2 F R' Fw L2 D F2 B'
R2 D2 Uw L2 B2 Uw'
D2 F2 D U2 R U' Fw'
F R2 L2 Rw Fw F2

观察 ULf 棱，它的正确位置为 URb 棱，编码为 G
观察 URb 棱，它的正确位置为 FLd 棱，编码为 T
观察 FLd 棱，它的正确位置为 DBr 棱，编码为 N
观察 DBr 棱，它的正确位置为 UFl 棱，编码为 B
回到起始块，完成一组循环，编码为 BQSHLFOZMYICGTNB

(3) 棱块编码未完成，继续从任意一个未编码的块开始
从 ULb 棱开始，编码为 D
观察 ULb 棱，它的正确位置为 BLd 棱，编码为 X
观察 BLd 棱，它的正确位置为 UBl 棱，编码为 E
观察 UBl 棱，它的正确位置为 BLu 棱，编码为 W
观察 BLu 棱，它的正确位置为 DLf 棱，编码为 K
观察 DLf 棱，它的正确位置为 DFl 棱，编码为 J
观察 DFl 棱，它的正确位置为 ULb 棱，编码为 D
回到起始块，完成一组循环，编码为 DXEWKJD

(4) 全部棱块编码完成
棱块编码：APRA BQSHLFOZMYICGTNB DXEWKJD

角块编码：

(1) 从 UFR 角（缓冲块）的 U 面开始，编码为 J
观察 UFR 角的 U 面，它的正确位置为 UBR 角的 R 面，编码为 I
观察 UBR 角的 R 面，它的正确位置为 UFR 角的 R 面，编码为 K
回到起始块，完成一组循环，编码为 JIK

(2) 角块编码未完成，继续从任意一个未编码的块开始
从 UFL 角的 U 面开始，编码为 A
观察 UFL 角的 U 面，它的正确位置为 DBR 角的 D 面，编码为 R
观察 DBR 角的 D 面，它的正确位置为 DFL 角的 F 面，编码为 N
观察 DFL 角的 F 面，它的正确位置为 DFR 角的 D 面，编码为 X
观察 DFR 角的 D 面，它的正确位置为 DBL 角的 D 面，编码为 O
观察 DBL 角的 D 面，它的正确位置为 UBL 角的 U 面，编码为 D
观察 UBL 角的 U 面，它的正确位置为 UFL 角的 L 面，编码为 C
回到起始块，完成一组循环，编码为 ARNXODC

(3) 没有方向错误的角块

(4) 全部角块编码完成
角块编码：JIK ARNXODC

4. 还原方法

（1）编码还原

盲拧逐块法中通过 Parity 公式对块的位置进行交换，同时还原它的位置和（角块）方向。每个公式还原 1 个棱块或角块，还原过程中忽略缓冲块上的编码。

（2）原地翻转

需要原地翻转的角块翻转角度总和为 360° 的倍数，出现翻转角度总和不为 360° 的倍数的情况，则说明缓冲块（UFR）也需要翻转。

（3）奇偶校验

中心块编码数量为奇数时，添加编码 B；角块编码数量为奇数时，添加编码 G。

四阶魔方盲拧逐块法中心块公式			
C = Rw U Rw' F' Rw U Rw' U' Rw' F Rw2 U' Rw' U' Rw' U' R U r U' R' U' R2 U R' r U R U' r'			
编码	公式	编码	公式
A	l' U' l U C U' l' U l	B	C
C	缓冲块	D	l2 D U' l2 U C U' l2 U D' l2
E	U' l' U C U' l U	F	U' F' l' U C U' l F U
G	U r U' C U r' U'	H	U' F l' U C U' l F' U
I	b' C b	J	L' B' C b L
K	L2 b' C b L2	L	L b' C b L'
M	U r' U' C U r U'	N	U B' r' U' C U r B U'
O	U' l U C U' l' U	P	U B r' U' C U r B' U'
Q	u2 b' C b u2	R	u2 L' B' C b L u2
S	b C b'	T	d2 L b' C b L' d2
W	U' l2 U C U' l2 U	X	D' U' l2 U C U' l2 U D
Y	U r2 U' C U r2 U'	Z	b2 C b2

四阶魔方盲拧逐块法棱块公式

O = l' U2 l' U2 F2 l' F2 r U2 r' U2 l2

编码	公式	编码	公式
A	缓冲块	B	Rw2 F2 Rw2 O Rw2 F2 Rw2
C	L' B' O B L	D	L' U' L U O U' L' U L
E	U' L' U B' O B U' L U	F	O
G	R B O B' R'	H	R U R' U' O U R U' R'
I	x O x'	J	Rw D2 Rw' O Rw D2 Rw'
K	D' B2 O B2 D	L	L B' O B L'
M	B2 O B2	N	D L B' O B L' D'
O	D B2 O B2 D'	P	R' B O B' R
Q	R2 B O B' R2	R	U R U' O U R' U'
S	U' L' U O U' L U	T	L2 B' O B L2
W	B' O B	X	U' L U O U' L' U
Y	U R' U' O U R U'	Z	B O B'

四阶魔方盲拧逐块法角块公式

N = R U R' F' R U R' U' R' F R2 U' R' U'

编码	公式	编码	公式
A	L2 B2 N B2 L2	B	L U' L2 U N U' L2 U L'
C	L' B' N B L	D	L' U' L U N U' L' U L
E	B' N B	F	L' B2 N B2 L
G	N	H	B L' B2 N B2 L B'
I	B' D B2 N B2 D' B	J	缓冲块
K	缓冲块	L	缓冲块
W	D' B2 N B2 D	M	B L2 B' N B L2 B'
N	L B2 N B2 L'	O	B2 N B2
P	U' L U N U' L' U	Q	L B' N B L'
R	D B2 N B2 D'	S	B N B'
T	D R D' R' N R D R' D'	X	D2 B2 N B2 D2
Y	D B N B' D'	Z	D2 R D' R' N R D R' D2

四阶魔方盲拧角块色向调整公式			
		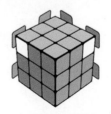	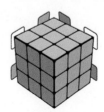
(U R U' R')2 L' (R U R' U')2 L	L' (U R U' R')2 L (R U R' U')2	z' (U R U' R')2 L2 (R U R' U') L2 z	z' L2 (U R U' R')2 L2 (R U R' U') z

四阶魔方盲拧逐块法还原实例

编码方向白色为 U 面、绿色为 F 面

U2 R Uw B Uw L Fw
Uw Fw' R2 D U2 R'
B2 F R' Fw L2 D F2 B'
R2 D2 Uw L2 B2 Uw'
D2 F2 D U2 R U' Fw'
F R2 L2 Rw Fw F2

(1) 中心块编码：CMAQEIDXSYNLFTGZPC

忽略缓冲块编码：MA QE ID XS YN LF TG ZP

M：U r' U' C U r U'

A：l' U' l U C U' l' U l

Q：u2 b' C b u2

E：U' l' U C U' l U

I：b' C b

D：l2 D U' l2 U C U' l2 U D' l2

X：D' U' l2 U C U' l2 U D

S：b C b'

Y：U r2 U' C U r2 U'

N：U B r' U' C U r B U'

L：L b' C b L'

F：U' F' l' U C U' l F U

T：d2 L b' C b L' d2

G：U r U' C U r' U'

Z：b2 C b2

P：U B r' U' C U r B' U'

(2) 棱块编码：APRA BQSHLFOZMYICGTNB DXEWKJD

忽略缓冲块编码：PR BQ SH LF OZ MY IC GT NB DX EW KJ D

P：R' B O B' R

R：U R U' O R U' U'

B：Rw2 F2 Rw2 O Rw2 F2 Rw2

（续）

四阶魔方盲拧逐块法还原实例
编码方向白色为 U 面、绿色为 F 面

U2 R Uw B Uw L Fw
Uw Fw' R2 D U2 R'
B2 F R' Fw L2 D F2 B'
R2 D2 Uw L2 B2 Uw'
D2 F2 D U2 R U' Fw'
F R2 L2 Rw Fw F2

Q：R2 B O B' R2

S：U' L' U O U' L U

H：R U R' U' O U R U' R'

L：L B' O B L'

F：O

O：D B2 O B2 D'

Z：B O B'

M：B2 O B2

Y：U R' U' O U R U'

I：x O x'

C：L' B' O B L

G：R B O B' R'

T：L2 B' O B L2

N：D L B' O B L' D'

B：Rw2 F2 Rw2 O Rw2 F2 Rw2

D：L' U' L U O U' L' U L

X：U' L U O U' L' U

E：U' L' U B' O B U' L U

W：B' O B

K：D' B2 O B2 D

J：Rw D2 Rw' O Rw D2 Rw'

D：L' U' L U O U' L' U L

（3）角块编码：JIK ARNXODC
忽略缓冲块编码：IA RN XO DC

I：B' D B2 N B2 D' B

A：L2 B2 N B2 L2

R：D B2 N B2 D'

N：L B2 N B2 L'

X：D2 B2 N B2 D2

O：B2 N B2

D：L' U' L U N U' L' U L

C：L' B' N B L

※ C = Rw U Rw' F' Rw U Rw' U' Rw' F Rw2 U' Rw' U' Rw' U' R U r U' R' U' R2 U R' r U R U' r'

※ O = l2 U2 r' U2 l U2 l' U2 F2 l' F2 r l2

※ N = R U R' F' R U R' U' R' F R2 U' R' U'

4.9　四阶魔方盲拧 r2 法

四阶魔方盲拧 r2 法还原步骤		
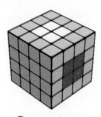 ❶ 还原中心块	 ❷ 还原棱块	 ❸ 还原角块

1.　编码定义

此步骤与 4.8 "四阶魔方盲拧逐块法" 中的 "编码定义" 相同，读者可参阅，此处不再列出。

2.　缓冲块

盲拧 r2 法利用缓冲块参与的逐块公式进行还原，缓冲块为置换公式的起始块。角块缓冲块选择 DFR 块，棱块缓冲块选择 DFr 块，中心块缓冲块选择 Dfr 块。

3.　编码方法

四阶魔方没有固定的中心块方向，可以选择任意一个方向开始编码，通常选择一个已还原中心块较多的方向，可以减少编码数量。

（1）中心块编码

①从任意一个未编码的块开始（通常为缓冲块），记下这个位置的编码。

②观察当前位置上的块，找到它正确的面，选择这个面上未编码且未还原的块，记下这个位置的编码。

③重复步骤②，直到编码至 4 个中心块均已编码或已还原的面，可以选择任意一块进行编码，完成一组编码循环。

④重复步骤①~③，直到对所有位置不正确的块都完成了编码。

（2）棱块编码

①从任意一个未编码的块开始（通常为缓冲块），记下这个位置的编码。

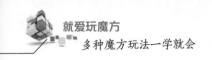
②观察当前位置上的块，找到它的正确位置，记下这个位置的编码。

③重复步骤②，直到编码至第一个观察的块，完成一组编码循环。

④重复步骤①~③，直到对所有位置不正确的块都完成了编码。

（3）角块编码

①从任意一个未编码的块开始（通常为缓冲块），选择这个块上的一面（缓冲块为 U 面），记下这个位置的编码。

②观察当前位置上的块，找到它正确的位置，记下这个位置的编码。

③重复步骤②，直到编码至第一个观察的块，完成一组编码循环。

④重复步骤①~③，直到对所有位置不正确的块都完成了编码。

⑤位置正确、方向错误的块，记住它的翻色方向。

四阶魔方盲拧 r2 法编码实例
编码方向白色为 U 面、绿色为 F 面

<table>
<tr>
<td>

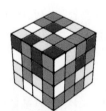

U2 R Uw B Uw L Fw
Uw Fw' R2 D U2 R' B2
F R' Fw L2 D F2 B'
R2 D2 Uw L2 B2 Uw'
D2 F2 D U2 R U' Fw'
F R2 L2 Rw Fw F2

</td>
<td>

中心块编码：

（1）从 Dfr 块（缓冲块）开始，编码为 X

观察 Dfr 块，它的正确位置为 R 面，选择 Ruf 块，编码为 Q

观察 Ruf 块，它的正确位置为 F 面，选择 Ful 块，编码为 E

观察 Ful 块，它的正确位置为 L 面，选择 Lub 块，编码为 I

观察 Lub块，它的正确位置为 U 面，选择 Ubl 块，编码为 A

观察 Ubl 块，它的正确位置为 R 面，Ruf 已编码，Rub 已还原，选择 Rdb块，编码为 S

观察 Rdb块，它的正确位置为 D 面，Dfl 已还原，Dfr 已编码，选择 Dbr 块，编码为 Y

观察 Dbr 块，它的正确位置为 B 面，选择 Bur 块，编码为 M

观察 Bur 块，它的正确位置为 U 面，Ubl 已编码，Ubr 已还原，选择 Ufr 块，编码为 C

观察 Ufr 块，它的正确位置为 B 面，Bur 已编码，选择 Bul 块，编码为 N

观察 Bul 块，它的正确位置为 L 面，Lub 已编码，Luf、Ldf 已还原，选择 Ldb 块，编码为 L，L 面全部中心块均已编码

观察 Ldb块，它的正确位置为 F 面，Ful 已编码，选择 Fur 块，编码为 F

观察 Fur 块，它的正确位置为 R 面，Ruf、Rdb 已编码，Rub 已还原，选择 Rdf 块，编码为 T，R 面全部中心块均已编码

观察 Rdf 块，它的正确位置为 F 面，Ful、Fur 已编码，选择 Fdr 块，编码为 G，Fdl 已还原，F 面全部中心块均已编码

</td>
</tr>
</table>

（续）

四阶魔方盲拧 **r2** 法编码实例
编码方向白色为 U 面、绿色为 F 面

观察 Fdr 块，它的正确位置为 D 面，Dfl、Dbr 已还原，Dfr 已编码，选择 Dbl 块，编码为 Z，D 面全部中心块均已编码

观察 Dbr 块，它的正确位置为 B 面，Bur、Bul 已编码，Bdl 已还原，选择 Bdr 块，编码为 P，B 面全部中心块均已编码

观察 Bdr 块，它的正确位置为 U 面，Ubl、Ufr 已编码，Ubr 已还原，选择 Ufl 块，编码为 D，U 面全部中心块均已编码

观察 Ufl 块，它的正确位置为 D 面，D 面全部中心块已编码或还原，选择 D 面任意一块进行编码，选择 Dfr 块，编码为 X，完成一组中心块循环

（2）全部中心块编码完成

　　中心块编码：XQEIASYMCNLFTGZPDX

棱块编码：

（1）从 DFr 棱（缓冲块）开始，编码为 I

观察 DFr 棱，它的正确位置为 ULf 棱，编码为 C
观察 ULf 棱，它的正确位置为 URb 棱，编码为 G
观察 URb 棱，它的正确位置为 FLd 棱，编码为 T
观察 FLd 棱，它的正确位置为 DBr 棱，编码为 N
观察 DBr 棱，它的正确位置为 UFl 棱，编码为 B
观察 UFl 棱，它的正确位置为 FRu 棱，编码为 Q
观察 FRu 棱，它的正确位置为 FLu 棱，编码为 S
观察 FLu 棱，它的正确位置为 URf 棱，编码为 H
观察 URf 棱，它的正确位置为 DLb 棱，编码为 L
观察 DLb 棱，它的正确位置为 UBr 棱，编码为 F
观察 UBr 棱，它的正确位置为 DRb 棱，编码为 O
观察 DRb 棱，它的正确位置为 BRd 棱，编码为 Z
观察 BRd 棱，它的正确位置为 DBl 棱，编码为 M
观察 DBl 棱，它的正确位置为 BRu 棱，编码为 Y
观察 BRu 棱，它的正确位置为 DFr 棱，编码为 I
回到起始块，完成一组循环，编码为 ICGTNBQSHLFOZMYI

（2）棱块编码未完成，继续从任意一个未编码的块开始

从 UFr 棱开始，编码为 A
观察 UFr 棱，它的正确位置为 DRf 棱，编码为 P

U2 R Uw B Uw L Fw
Uw Fw' R2 D U2 R' B2
F R' Fw L2 D F2 B'
R2 D2 Uw L2 B2 Uw'
D2 F2 D U2 R U' Fw'
F R2 L2 Rw Fw F2

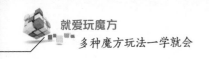
（续）

四阶魔方盲拧 r2 法编码实例
编码方向白色为 U 面、绿色为 F 面

观察 DRf 棱，它的正确位置为 FRd 棱，编码为 R

观察 FRd 棱，它的正确位置为 UFr 棱，编码为 A

回到起始块，完成一组循环，编码为 APRA

（3）棱块编码未完成，继续从任意一个未编码的块开始

从 ULb 棱开始，编码为 D

观察 ULb 棱，它的正确位置为 BLd 棱，编码为 X

观察 BLd 棱，它的正确位置为 UBl 棱，编码为 E

观察 UBl 棱，它的正确位置为 BLu 棱，编码为 W

观察 BLu 棱，它的正确位置为 DLf 棱，编码为 K

观察 DLf 棱，它的正确位置为 DFl 棱，编码为 J

观察 DFl 棱，它的正确位置为 ULb 棱，编码为 D

回到起始块，完成一组循环，编码为 DXEWKJD

（4）全部棱块编码完成

棱块编码：ICGTNBQSHLFOZMYI APRADXEWKJD

角块编码：

（1）从 DFR 角（缓冲块）的 D 面开始，编码为 X

观察 DFR 角（缓冲块）的 D 面，它的正确位置为 DBL 角的 D 面，编码为 O

观察 DBL 角的 D 面，它的正确位置为 UBL 角的 U 面，编码为 D

观察 UBL 角的 U 面，它的正确位置为 UFL 角的 L 面，编码为 C

观察 UFL 角的 L 面，它的正确位置为 DBR 角的 B 面，编码为 T

观察 DBR 角的 B 面，它的正确位置为 DFL 角的 L 面，编码为 M

观察 DFL 角的 L 面，它的正确位置为 DFR 角的 R 面，编码为 Z

回到起始块，完成一组循环，编码为 XODCTMZ

（2）角块编码未完成，继续从任意一个未编码的块开始

从 UFR 角的 U 面开始，编码为 J

观察 UFR 角的 U 面，它的正确位置为 UBR 角的 R 面，编码为 I

观察 UBR 角的 R 面，它的正确位置为 UFR 角的 R 面，编码为 K

回到起始块，完成一组循环，编码为 JIK

（3）没有方向错误的角块

（4）全部角块编码完成

角块编码：XODCTMZ JIK

U2 R Uw B Uw L Fw
Uw Fw' R2 D U2 R' B2
F R' Fw L2 D F2 B'
R2 D2 Uw L2 B2 Uw'
D2 F2 D U2 R U' Fw'
F R2 L2 Rw Fw F2

4. 还原方法

（1）编码还原

盲拧 r2 法中以 r2 和 R2 三循环公式对块的位置进行交换，同时还原它的位置和（角块）方向。每个公式还原 1 个棱块或角块，还原过程中忽略缓冲块上的编码。

还原棱块时，每次使用 r2 公式会交换 r 层上其他块的位置。在使用了奇数次 r2 公式时，位于 r 层的棱块 A 将与 N 交换，中心块 C/F/G 将与中心块 Y/P/M 交换，此时棱块编码 A 与编码 N 的公式互换，中心块编码 C/F/G 与编码 Y/P/M 的公式互换；使用了偶数次 r2 公式，则 r 层不受影响。

还原角块时，每次使用角块 R2 公式会交换 R 层上其他块的位置。在使用了奇数次角块 R2 公式时，位于 R 层的角块 J/K/L 位置将与 R/S/T 位置交换，此时编码 J/K/L 将与编码 R/S/T 的公式互换；使用了偶数次角块 R2 公式，则 R 层角块不受影响。

（2）原地翻转

需要原地翻转的角块翻转角度总和为 360° 的倍数，出现翻转角度总和不为 360° 的倍数的情况，则说明缓冲块（DFR）也需要翻转。

（3）奇偶校验

中心块编码为奇数的情况，在剩余编码前添加与它同面的任意其他编码。棱块编码为奇数的情况，编码后添加编码 JJ，再使用奇偶校验公式将棱块还原。角块编码为奇数的情况，编码后添加编码 AA，再使用奇偶校验公式将角块还原。

角块奇偶校验公式：x Rw2 F2 U2 y Rw2 U′ Rw2 U D Rw2 D′ Rw2 y′ r2 U2 F2 Rw2 U x′

棱块奇偶校验公式：x r2 B2 U1 l U2 r′ U2 r U2 F2 r F2 l′ B2 r2 x′

四阶魔方盲拧 r2 法中心块公式			
编码	公式	编码	公式
A	l U′ l′ U r2 U′ l U l′	B	r2
C	U′ D′ l2 D r2 D′ l2 D r2 U r2	D	l F U′ l′ U r2 U′ l U r2 F′ l′ r2
E	U′ l′ U r2 U′ l U	F	F′ U′ l′ U r2 U′ l U r2 F r2
G	F2 U′ l′ U r2 U′ l U r2 F2 r2	H	F U′ l′ U r2 U′ l U r2 F′ r2
I	L b L′ b′ r2 b L b′ L′	J	b L′ b′ r2 b L b′
K	b L2 b′ r2 b L2 b′	L	L2 b L′ b′ r2 b L b′ L2
M	B2 U′ l U r2 U′ l′ U r2 B2 r2	N	B U′ l U r2 U′ l′ U r2 B′ r2

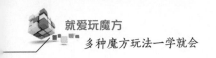

(续)

四阶魔方盲拧 r2 法中心块公式			
编码	公式	编码	公式
O	U' l U r2 U' l' U	P	B' U' l U r2 U' l' U r2 B r2
Q	b' R2 b r2 b R2 b'	R	R2 b' R' b r2 b' R b R2
S	R b' R' b r2 b' R b R'	T	b' R' b r2 b' R b
W	U' l2 U r2 U' l2 U	X	缓冲块
Y	D' r2 U' l2 U r2 U' l2 U D r2	Z	l' F U' l' U r2 U' l U r2 F' l r2

四阶魔方盲拧 r2 法棱块公式			
编码	公式	编码	公式
A	F d R U R' d' R U' R' F' r2	B	l' U R' U' B' R2 B r2 B' R2 B U R U' l'
C	B L' B' r2 B L B'	D	L U' L' U r2 U' L U L'
E	U R' U' B' R2 B r2 B' R2 B U R U'	F	r2
G	B' R B r2 B' R' B	H	R' U R U' r2 U R' U' R
I	缓冲块	J	l2 U R' U' B' R2 B r2 B' R2 B U R U' l2
K	U' L2 U r2 U' L2 U	L	B L B' r2 B L' B'
M	l U R' U' B' R2 B r2 B' R2 B U R U' l	N	r2 F R U R' D R U' R' D' F'
O	U R2 U' r2 U R2 U'	P	B' R' B r2 B' R B
Q	B' R2 B r2 B' R2 B	R	U R U' r2 U R' U'
S	U' L' U r2 U' L U	T	B L2 B' r2 B L2 B'
W	L' B L B' r2 B L' B' L	X	U' L U r2 U' L' U
Y	U R' U' r2 U R U'	Z	R B' R' B r2 B' R B R'

四阶魔方盲拧 r2 法角块公式			
编码	公式	编码	公式
A	L' U2 L' U2 L U2 R2 U2 L' U2 L U2 L	B	L2 U' L U R2 U' L' U L2
C	L' U' L' U R2 U' L U L	D	L' U' L U R2 U' L' U L
E	U' L' U R2 U' L U	F	U2 L' U2 L U2 R2 U2 L' U2 L U2
G	R2	H	U' L' U L U' L' U R2 U' L U L U' L' U
I	U' L U L' U' L U R2 U' L' U L U' L' U	J	U' R F' 3R U R2 U' 3R' F R U R2

（续）

四阶魔方盲拧 r2 法角块公式

编码	公式	编码	公式
K	F′ R U R2 U′ R′ F R U R2 U′ R	L	R2 U′ R2 L U L U′ R′ U L′ U′ L′ R′ U
M	L2 U′ L′ U R2 U′ L U L2	N	L2 U2 L′ U2 L U2 R2 U2 L′ U2 L U2 L2
W	U′ L2 U R2 U′ L2 U	O	L U2 L′ U2 L U2 R2 U2 L′ U2 L U2 L′
P	U′ L U R2 U′ L′ U	Q	L U′ L′ U R2 U′ L U L′
R	R2 U′ R′ F′ 3R U R2 U′ 3R′ F R′ U	S	R′ U R2 U′ R′ F′ R U R2 U′ R′ F
T	R U R′ D 3R2 U′ R U 3R2 U′ D′ R	X	缓冲块
Y	缓冲块	Z	缓冲块

四阶魔方盲拧角块色向调整公式

(U R U′ R′)2 L′
(R U R′ U′)2 L

L′ (U R U′ R′)2
L (R U R′ U′)2

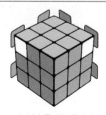

z′ (U R U′ R′)2
L2 (R U R′ U′) L2 z

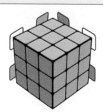

z′ L2 (U R U′ R′)2
L2 (R U R′ U′) z

四阶魔方盲拧 r2 法还原实例

编码方向白色为 U 面、绿色为 F 面

U2 R Uw B Uw L Fw
Uw Fw′ R2 D U2 R′ B2
F R′ Fw L2 D F2 B′
R2 D2 Uw L2 B2 Uw′
D2 F2 D U2 R U′ Fw′
F R2 L2 Rw Fw F2

(1) 中心块编码：XQEIASYMCNLFTGZPDX
忽略缓冲块编码：QE IA SY MC NL FT GZ PD
Q：b′ R2 b r2 b R2 b′
E：U′ l′ U r2 U′ l U
I：L b L′ b′ r2 b L b′ L′
A：l U′ l′ U r2 U′ l U l
S：R b′ R′ b r2 b′ R b R′
Y：U′ D′ l2 D r2 D′ l2 D r2 U r2（使用了奇数次公式，编码 Y 使用 C 公式）
M：B2 U′ l U r2 U′ l′ U r2 B2 r2
C：D′ r2 U′ l2 U r2 U′ l2 U D r2（使用了奇数次公式，编码 C 使用 Y 公式）

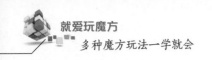

（续）

四阶魔方盲拧 **r2** 法还原实例
编码方向白色为 U 面、绿色为 F 面

N: B U' l r2 U' l' U r2 B' r2

L: L2 b L' b' r2 b L b' L2

F: F' U' l' U r2 U' l U r2 F r2

T: b' R' b r2 b' R b

G: F2 U' l' U r2 U' l U r2 F2 r2

Z: l' F U' l' U r2 U' l U r2 F' l r2

P: B' U' l U r2 U' l' U r2 B r2

D: l F U' l' U r2 U' l U r2 F' l' r2

（2）棱块编码：ICGTNBQSHLFOZMYI APRADXEWKJD

忽略缓冲块编码：CG TN BQ SH LF OZ MY APRADXEWKJD

U2 R Uw B Uw L Fw
Uw Fw' R2 D U2 R' B2
F R' Fw L2 D F2 B'
R2 D2 Uw L2 B2 Uw'
D2 F2 D U2 R U' Fw'
F R2 L2 Rw Fw F2

C: B L' B' r2 B L B'

G: B' R B r2 B' R' B

T: B L2 B' r2 B L2 B'

N: F d R U R' d' R U' R' F' r2（使用了奇数次公式，编码 N
使用 A 公式）

B: l' U R' U' B' R2 B r2 B' R2 B U R U' l'

Q: B' R2 B r2 B' R2 B

S: U' L' U r2 U' L U

H: R' U R U' r2 U R' U' R

L: B L B' r2 B L' B'

F: r2

O: U R2 U' r2 U R2 U'

Z: R B' R' B r2 B' R B R'

M: l U R' U' B' R2 B r2 B' R2 B U R U' l

Y: U R' U' r2 U R U'

A: F d R U R' d' R U' R' F' r2

P: B' R' B r2 B' R B

R: U R U' r2 U R' U'

A: r2 F R U R' D R U' R' D' F'（使用了奇数次公式，编码 A
使用 N 公式）

D: L U' L' U r2 U' L U L'

X: U' L U r2 U' L' U

E: U R' U' B' R2 B r2 B' R2 B U R U'

W: L' B L B' r2 B L' B' L

（续）

四阶魔方盲拧 r2 法还原实例
编码方向白色为 U 面、绿色为 F 面

U2 R Uw B Uw L Fw
Uw Fw' R2 D U2 R' B2
F R' Fw L2 D F2 B'
R2 D2 Uw L2 B2 Uw'
D2 F2 D U2 R U' Fw'
F R2 L2 Rw Fw F2

K：U' L2 U r2 U' L2 U

J：l2 U R' U' B' R2 B r2 B' R2 B U R U' l2

剩余一个棱块编码 D，补编码 JJ，编码为 DJ J

D：L U' L' U r2 U' L U L'

J：l2 U R' U' B' R2 B r2 B' R2 B U R U' l2

剩余以后棱块编码 J

棱块奇偶校验公式：x r2 B2 U2 l U2 r' U2 r U2 F2 r F2 l' B2 r2 x'

（3）角块编码：XODCTMZ JIK

忽略缓冲块编码：OD CT MJ IK

O：L U2 L' U2 L U2 R2 U2 L' U2 L U2 L'

D：L' U' L U R2 U' L' U L

C：L' U' L' U R2 U' L U L

T：R2 U' R2 L U L U' R' U L U' L' R' U （使用了奇数次公式，编码 T 使用 L 公式）

M：L2 U' L' U R2 U' L U L2

J：R2 U' R' F' Rw U R2 U' Rw' F R' U （使用了奇数次公式，编码 J 使用 R 公式）

I：U' L U L' U' L U R2 U' L' U L U' L' U

K：R' U R2 U' R' F' R U R2 U' R' F （使用了奇数次公式，编码 K 使用 S 公式）

4.10 四阶魔方盲拧三循环法

四阶魔方盲拧三循环法还原步骤

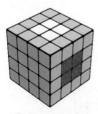 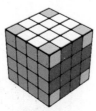 

❶ 还原中心块　　❷ 还原棱块　　❸ 还原角块

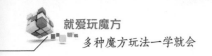

① 编码定义

四阶魔方盲拧三循环法需要为 24 个棱块、24 个中心块和 8 个角块进行编码，每个角块上有 3 个编码，每个棱块和中心块上有 1 个编码。使用盲拧三循环法还原四阶魔方大约需要记忆 45 个编码。

棱块：顶层从 UFr 开始按照顺时针方向编码，底层从 DFr 开始按照逆时针方向编码，中层从 FRu 开始按照顺时针方向编码。

中心块：按照 U、F、L、B、R、D 的顺序，每个面从左上中心块开始，按照顺时针方向编码。

角块：顶层按照 UFL、UBL、UBR、UBL 的顺序，底层按照 DFL、DBL、DBR、DBL 的顺序，每个角块从 U/D 面开始，按照顺时针方向编码。

四阶魔方盲拧三循环法编码定义	
角块编码定义	
棱块编码定义	
中心块编码定义	

2. 缓冲块

盲拧三循环法利用缓冲块参与的三循环公式进行还原，缓冲块为置换公式的起始块。角块缓冲块选择 DBL 块，棱块缓冲块选择 UBl 块，中心块缓冲块选择 Ubl 块。

3. 编码方法

四阶魔方没有固定的中心块方向，可以选择任意一个方向开始编码，通常选择一个已还原中心块较多的方向，可以减少编码数量。

（1）中心块编码

①从任意一个未编码的块开始（通常为缓冲块），记下这个位置的编码。

②观察当前位置上的块，找到它正确的面，选择这个面上未编码且未还原的块，记下这个位置的编码。

③重复步骤②，直到编码至 4 个中心块均已编码或已还原的面，可以选择任意一块进行编码，完成一组编码循环。

④重复步骤①～③，直到对所有位置不正确的块都完成了编码。

（2）棱块编码

①从任意一个未编码的块开始（通常为缓冲块），记下这个位置的编码。

②观察当前位置上的块，找到它的正确位置，记下这个位置的编码。

③重复步骤②，直到编码至第一个观察的块，完成一组编码循环。

④重复步骤①～③，直到对所有位置不正确的块都完成了编码。

（3）角块编码

①从任意一个未编码的块开始（通常为缓冲块），选择这个块上的一面（缓冲块为 U 面），记下这个位置的编码。

②观察当前位置上的块，找到它的正确位置，记下这个位置的编码。

③重复步骤②，直到编码至第一个观察的块，完成一组编码循环。

④重复步骤①～③，直到对所有位置不正确的块都完成了编码。

⑤位置正确、方向错误的块，记住它的翻色方向。

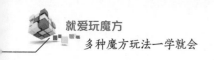

就爱玩魔方
多种魔方玩法一学就会

四阶魔方盲拧三循环法编码实例
编码方向白色为 U 面、绿色为 F 面

中心块编码：

(1) 从 Ubl 块（缓冲块）开始，编码为 A

观察 Ubl 块，它的正确位置为 R 面，选择 Ruf 块，编码为 Q

观察 Ruf 块，它的正确位置为 F 面，选择 Ful 块，编码为 E

观察 Fur 块，它的正确位置为 L 面，选择 Lub 块，编码为 I

观察 Lub 块，它的正确位置为 U 面，Ubl 已编码，Ubr 已还原，选择 Ufr 块，编码为 C

观察 Ufr 块，它的正确位置为 B 面，选择 Bur 块，编码为 M

观察 Bur 块，它的正确位置为 U 面，Ubl、Ufr 已编码，Ubr 已还原，选择 Ufl 块，编码为 D，U 面全部中心块均已编码

观察 Ufl 块，它的正确位置为 D 面，Dfl 已还原，选择 Dfr 块，编码为 X

观察 Dfr 块，它的正确位置为 R 面，Ruf 已编码，Rub 已还原，选择 Rdb 块，编码为 S

观察 Rdb 块，它的正确位置为 D 面，Dfl 已还原，Dfr 已编码，选择 Dbr 块，编码为 Y

观察 Dbr 块，它的正确位置为 B 面，Bur 已编码，选择 Bul 块，编码为 N

观察 Bul 块，它的正确位置为 L 面，Lub 已编码，Luf、Ldf 已还原，选择 Ldb 块，编码为 L，L 面全部中心块均已编码

观察 Ldb 块，它的正确位置为 F 面，Ful 已编码，选择 Fur 块，编码为 F

观察 Fur 块，它的正确位置为 R 面，Ruf、Rdb 已编码，Rub 已还原，选择 Rdf 块，编码为 T，R 面全部中心块均已编码

观察 Rdf 块，它的正确位置为 F 面，Ful、Fur 已编码，选择 Fdr 块，编码为 G，Fdl 已还原，F 面全部中心块均已编码

观察 Fdr 块，它的正确位置为 D 面，Dfl 已还原，Dfr、Dbr 已编码，选择 Dbl 块，编码为 Z，D 面全部中心块均已编码

观察 Dbl 块，它的正确位置为 B 面，Bur、Bul 已编码，Bdl 已还原，选择 Bdr 块，编码为 P，B 面全部中心块均已编码

观察 Bdr 块，它的正确位置为 U 面，U 面全部中心块已编码或还原，选择 U 面任意一块进行编码，选择 Ubl 块，编码为 A，完成一组中心块循环

(2) 全部中心块编码完成

中心块编码：AQEICMDXSYNLFTGZPA

U2 R Uw B Uw L Fw
Uw Fw' R2 D U2 R' B2
F R' Fw L2 D F2 B'
R2 D2 Uw L2 B2 Uw'
D2 F2 D U2 R U' Fw'
F R2 L2 Rw Fw F2

172

（续）

四阶魔方盲拧三循环法编码实例
编码方向白色为 U 面、绿色为 F 面

棱块编码：

(1) 从 UBl 棱（缓冲块）开始，编码为 E

观察 UBl 棱，它的正确位置为 BLu 棱，编码为 W

观察 BLu 棱，它的正确位置为 DLf 棱，编码为 K

观察 DLf 棱，它的正确位置为 DFl 棱，编码为 J

观察 DFl 棱，它的正确位置为 ULb 棱，编码为 D

观察 ULb 棱，它的正确位置为 BLd 棱，编码为 X

观察 BLd 棱，它的正确位置为 UBl 棱，编码为 E

回到起始块，完成一组循环，编码为 EWKJDXE

(2) 棱块编码未完成，继续从任意一个未编码的块开始

从 UFr 棱开始，编码为 A

观察 UFr 棱，它的正确位置为 DRf 棱，编码为 P

观察 DRf 棱，它的正确位置为 FRd 棱，编码为 R

观察 FRd 棱，它的正确位置为 UFr 棱，编码为 A

回到起始块，完成一组循环，编码为 APRA

(3) 棱块编码未完成，继续从任意一个未编码的块开始

从 ULf 棱开始，编码为 C

观察 ULf 棱，它的正确位置为 URb 棱，编码为 G

观察 URb 棱，它的正确位置为 FLd 棱，编码为 T

观察 FLd 棱，它的正确位置为 DBr 棱，编码为 N

观察 DBr 棱，它的正确位置为 UFl 棱，编码为 B

观察 UFl 棱，它的正确位置为 FRu 棱，编码为 Q

观察 FRu 棱，它的正确位置为 FLu 棱，编码为 S

观察 FLu 棱，它的正确位置为 URf 棱，编码为 H

观察 URf 棱，它的正确位置为 DLb 棱，编码为 L

观察 DLb 棱，它的正确位置为 UBr 棱，编码为 F

观察 UBr 棱，它的正确位置为 DRb棱，编码为 O

观察 DRb棱，它的正确位置为 BRd棱，编码为 Z

观察 BRd 棱，它的正确位置为 DBl 棱，编码为 M

观察 DBl 棱，它的正确位置为 BRu 棱，编码为 Y

观察 BRu 棱，它的正确位置为 DFr 棱，编码为 I

观察 DFr 棱，它的正确位置为 ULf 棱，编码为 C

回到起始块，完成一组循环，编码为 CGTNBQSHLFOZMYIC

U2 R Uw B Uw L Fw
Uw Fw' R2 D U2 R' B2
F R' Fw L2 D F2 B'
R2 D2 Uw L2 B2 Uw'
D2 F2 D U2 R U' Fw'
F R2 L2 Rw Fw F2

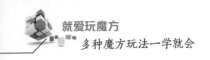

（续）

四阶魔方盲拧三循环法编码实例
编码方向白色为 U 面、绿色为 F 面

U2 R Uw B Uw L Fw
Uw Fw' R2 D U2 R' B2
F R' Fw L2 D F2 B'
R2 D2 Uw L2 B2 Uw'
D2 F2 D U2 R U' Fw'
F R2 L2 Rw Fw F2

（4）全部棱块编码完成

棱块编码：EWKJDXE APRA CGTNBQSHLFOZMYIC

角块编码：

（1）从 DBL 角（缓冲块）的 D 面开始，编码为 O

观察 DBL 角的 D 面，它的正确位置为 UBL 角的 U 面，编码为 D

观察 UBL 角的 U 面，它的正确位置为 UFL 角的 L 面，编码为 C

观察 UFL 角的 L 面，它的正确位置为 DBR 角的 B 面，编码为 T

观察 DBR 角的 B 面，它的正确位置为 DFL 角的 L 面，编码为 M

观察 DFL 角的 L 面，它的正确位置为 DFR 角的 R 面，编码为 Z

观察 DFR 角的 R 面，它的正确位置为 DBL 角的 L 面，编码为 Q

回到起始块，完成一组循环，编码为 ODCTMZQ

（2）角块编码未完成，继续从任意一个未编码的块开始

从 UFR 角的 U 面开始，编码为 J

观察 UFR 角的 U 面，它的正确位置为 UBR 角的 R 面，编码为 I

观察 UBR 角的 R 面，它的正确位置为 UFR 角的 R 面，编码为 K

回到起始块，完成一组循环，编码为 JIK

（3）没有方向错误的角块

（4）全部角块编码完成

角块编码：ODCTMZQ JIK

4. 还原方法

（1）编码还原

盲拧三循环法中通过三循环公式对块的位置进行交换，同时还原它的位置和
（角块）方向。每个公式还原 2 个块，还原过程中忽略缓冲块上的编码。

（2）原地翻转

需要原地翻转的角块翻转角度总和为 360°的倍数，出现翻转角度总和不为
360°的倍数的情况，则说明缓冲块（DBL）也需要翻转。

（3）奇偶校验

中心块编码为奇数的情况，在剩余编码前添加与它同面的任意其他编码。棱块编
码为奇数的情况，编码后添加编码 BB，再使用奇偶校验公式将棱块还原。角块编码
为奇数的情况，编码后添加编码 AA，再使用奇偶校验公式将角块还原。

角块奇偶校验公式：z Rw2 F2 U2 y Rw2 U′ Rw2 U D Rw2 D′ Rw2 y′ r2 U2 F2 Rw2 U z′

棱块奇偶校验公式：r U2 r U2 F2 r F2 l′ U2 l U2 r2

编码	公式	编码	公式
	四阶魔方盲拧三循环法中心块公式		
EQ	y u′ l′ U′ l u l′ U l y′	QE	y l′ U′ l u l′ U l u y′
FR	r U r′ u r U′ r′ u′	RF	u r U r′ u′ r U′ r′
GS	r U2 r′ d′ r U2 r′ d	SG	d′ r U2 r′ d r U2 r′
HT	y d l′ U2 l d′ l′ U2 l y′	TH	y l′ U2 l d l′ U2 l d′ y′
EM	u2 r′ U2 r u2 r′ U2 r	ME	r′ U2 r u2 r′ U2 r u2
FN	r U r′ u2 r U′ r′ u2	NF	u2 r U r′ u2 r U′ r′
GO	r U2 r′ d2 r U2 r′ d2	OG	d2 r U2 r′ d2 r U2 r′
HP	d2 r′ U r d2 r′ U′ r	PH	r′ U r d2 r′ U′ r d2
BE	x U r′ U′ l U r U′ l′ x′	EB	x l U r′ U′ l′ U r U′ x′
BF	x r′ U′ l U r U′ l′ U x′	FB	x U′ l U r U′ l′ U r x′
CE	U2 r u2 r′ U2 r u2 r′	EC	r u2 r′ U2 r u2 r′ U2
CF	y′ U2 r′ u r U2 r′ u′ r y	FC	y′ r′ u r U2 r′ u′ r U2 y
BW	(D r2 D′ l2) 2	WB	(l2 D r2 D′) 2
BX	(r2 D′ l2 D) 2	XB	(D′ l2 D r2) 2
CW	Lw U′ Lw′ (D r2 D′ l2) 2 Lw U Lw′	WC	Lw U′ Lw′ (l2 D r2 D′) 2 Lw U Lw′
CX	Rw′ F d2 r′ U r d2 r′ U′ r F′ Rw	XC	Rw′ F r′ U r d2 r′ U′ r d2 F′ Rw
EW	F l2 U r U′ L2 U r′ U′ F′	WE	F U r U′ l2 U r′ U′ l2 F′
EX	U r2 U′ L′ U r2 U′ L	XE	l′ U r2 U′ l U r2 U′
FW	l2 U r U′ L2 U r′ U′	WF	U r U′ l2 U r′ U′ l2
FX	x U′ L U r U′ L′ U r′ x′	XF	x r U′ l U r′ U′ l′ U x′

编码	公式	编码	公式
	四阶魔方盲拧三循环法棱块公式		
AB	U2 r′ U2 r U2 l U2 r′ U2 r U2 l′	BA	l U2 r′ U2 r U2 l′ U2 r′ U2 r U2
AF	r U2 l′ U2 l U2 r′ U2 l′ U2 l U2	FA	U2 l′ U2 l U2 r U2 l′ U2 l U2 r′
BF	U2 r U2 r′ U2 l′ U2 r U2 r′ U2 l	FB	l′ U2 r U2 r′ U2 l U2 r U2 r′ U2
BC	L′ U′ L U l′ U′ L′ U Lw	CB	Lw′ U′ L U l U′ L′ U L
BD	Lw U L U′ l′ U L U′ L′	DB	L U L′ U′ l U L U′ Lw′

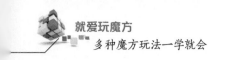
（续）

四阶魔方盲拧三循环法棱块公式			
编码	公式	编码	公式
BG	R U R′ U′ I′ U R U′ R′ I	GB	I′ R U R′ U′ I U R U′ R′
BH	I R′ U′ R U I′ U′ R′ U R	HB	R′ U′ R U I U′ R′ U R I′
AC	y′ F′ U2 R′ u′ R U2 R′ u R F y	CA	y′ F′ R′ u′ R U2 R′ u R U2 F y
AD	x U2 I2 U L U′ I2 U L′ U x′	DA	x U′ L U′ I2 U L′ U′ I2 U2 x′
AG	F′ R′ u′ R U R′ u R U′ F	GA	F′ U r′ u′ R U′ R′ U R F
AH	x U2 I2 U′ R′ U I2 U′ R U′ x′	HA	x U R′ U I2 U′ R U I2 U2 x′
BI	D I U′ R2 U I′ U′ R2 U D′	IB	D U′ R2 U I U′ R2 U I′ D′
BJ	F R U R′ u′ R U R′ u F′	JB	F u′ R U R′ u R U′ R′ F′
AI	F′ u′ R U R′ u R U′ R′ F	IA	F′ R U R′ u′ R U′ R′ u F
AJ	Rw (I2 U2 r U2 r′ U2)2 Rw′	JA	Rw (U2 r U2 r′ U2 I2)2 Rw′
FJ	(I2 U2 r U2 r′ U2)2	JF	(U2 r U2 r′ U2 I2)2
FI	(U2 I′ U2 I U2 r2)2	IF	(r2 U2 I′ U2 I U2)2

四阶魔方盲拧三循环法角块公式			
编码	公式	编码	公式
AJ	x L2′ U R U′ L2′ U R′ U′ x′	JA	x U R U′ L2′ U R′ U′ L2′ x′
AK	L2′ U′ R′ U L2′ U′ R U	KA	U′ R′ U L2′ U′ R U L2′
AL	z (U2 R′ F′ R2 F R)2 z′	LA	z (R′ F′ R2 F R U2)2 z′
BJ	R U2 R D′ R′ U2 R D R2	JB	R2 D′ R′ U2 R D R′ U2 R′
BK	y′ U′ R D2 R′ U R D2 R′ y	KB	y′ R D2 R′ U′ R D2 R′ U y
BL	y′ U L′ U′ R′ U L U′ R y	LB	y′ R′ U L′ U′ R U L U′ y
CJ	y′ z D R′ U2 R D′ R′ U2 R z′ y	JC	y′ z R′ U2 R D R′ U2 R D′ z′ y
CK	x R′ U2 R′ D R U2 R′ D′ R2 x′	KC	x R2 D R U2 R′ D′ R U2 R x′
CL	U′ R′ D2 R U R′ D2 R	LC	R′ D2 R U′ R′ D2 R U
AJ	x L2′ U R U′ L2′ U R′ U′ x′	JA	x U R U′ L2′ U R′ U′ L2′ x′
AK	L2′ U′ R′ U L2′ U′ R U	KA	U′ R′ U L2′ U′ R U L2′
AL	z (U2 R′ F′ R2 F R)2 z′	LA	z (R′ F′ R2 F R U2)2 z′
JC	L′ U′ L U I2 U′ L′ U L I2	CJ	L′ U′ L U I2 U′ L′ U L I2
JD	x I2 U L U′ I2 U L′ U′ x′	DJ	x U L U′ I2 U L′ U′ I2 x′

（续）

四阶魔方盲拧三循环法角块公式

编码	公式	编码	公式
JG	R U R' U' l2 U R U' R' l2	GJ	l2 R U R' U' l2 U R U' R'
JH	x U' R' U l2 U' R U l2 x'	HJ	x U' R' U l2 U' R U l2 x'
MC	L' U' L U l U' L' U L l'	CM	l L' U' L U l' U' L' U L
MD	x' U L' U' l U L U' l' x	DM	x' l U L' U' l' U L U' x
MG	R U R' U' l U R U' R' l'	GM	l R U R' U' l' U R U' R'
MH	x' U' R U l U' R' U l' x	HM	x' l U' R U l' U' R' U x

四阶魔方盲拧角块色向调整公式

(U R U' R')2 L'
(R U R' U')2 L

L' (U R U' R')2
L (R U R' U')2

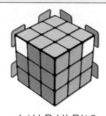
z' (U R U' R')2
L2 (R U R' U') L2 z

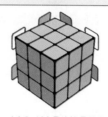
z' L2 (U R U' R')2
L2 (R U R' U') z

四阶魔方盲拧三循环法还原实例

编码方向白色为 U 面、绿色为 F 面

U2 R Uw B Uw L Fw
Uw Fw' R2 D U2 R'
B2 F R' Fw L2 D F2 B'
R2 D2 Uw L2 B2 Uw'
D2 F2 D U2 R U' Fw'
F R2 L2 Rw Fw F2

(1) 中心块编码：AQEICMDXSYNLFTGZPA
　　忽略缓冲块编码：QE IC MD XS YN LF TG ZP
　　QE：y l' U' l u l' l' U l u y'
　　IC：u' R u2 r' U2 r u2 r' U2 u
　　MD：y2 U' x U r' U' l U r U' l' x' U y2
　　XS：R2 u l' U r2 U' l U r2 U' u' R2
　　YN：y2 U2 U r U' l2 U r U' l2 U2 y2
　　LF：z F' R U r' u r U' r' u' F z'
　　TG：F y l' U2 l d l' U2 l d' y' F'
　　ZP：y2 U2 F2 x r U' l U r' U' l' U x' F2 U2 y2

(2) 棱块编码：EWKJDXE APRA CGTNBQSHLFOZMYIC
　　忽略缓冲块编码：WK JD XA PR AC GT NB QS HL FO ZM YI C

四阶魔方盲拧三循环法还原实例
编码方向白色为 U 面、绿色为 F 面

WK: D′ L I L′ U′ L U I U′ L′ U L L′ D

JD: <u>x I2 U L U′ I2 U L U′ x′</u>

XA: L <u>x U′ L U′ I2 U L U′ I2 U2 x′</u> L′

PR: F′ D′ Rw <u>(U2 r U2 r′ U2 I2)2</u> Rw′ D F

AC: y′ F′ <u>U2 R′ u′ R U2 R′ u R</u> F y

GT: F I′ <u>R U R′ U′ I U R U′ R′</u> F′

NB: D2 F <u>u′ R U R′ u R U′ R′</u> F′ D2

QS: F′ F <u>R U R′ u′ R U′ R′ u</u> F′ F

HL: D <u>x U′ R′ U I2 U′ R U I2 x′</u> D′

FO: D′ <u>(U2 I′ U2 I U2 r2)2</u> D

ZM: <u>x′ R U R′ U′ I′ U R U′ R′ I x</u>

YI: <u>U′ R′ U D I U′ R2 U I′ U′ R2 U D′ U′ R U</u>

剩余一个棱块编码 C，补编码 BB，编码为 CBB

CB: <u>Lw′ U′ L U I U′ L′ U L</u>

剩余以后棱块编码 B

棱块奇偶校验公式：<u>r2 U2 I U2 r′ U2 r U2 F2 r F2 I′ r2</u>

(3) 角块编码：ODCTMZQ JIK

忽略缓冲块编码：DC TM ZJ IK

DC: U′z <u>(U2 R′ F′ R2 F R)2</u> z′ U

TM: F R2 z <u>(R′ F′ R2 F R U2)2</u> z′ R2 F′

ZJ: F′y′ z <u>R′ U2 R D R′ U2 R D′</u> z′ y F

IK: U y′ <u>R′ U L′ U′ R U L U′</u> y U′

U2 R Uw B Uw L Fw
Uw Fw′ R2 D U2 R′
B2 F R′ Fw L2 D F2 B′
R2 D2 Uw L2 B2 Uw′
D2 F2 D U2 R U′ Fw′
F R2 L2 Rw Fw F2

※ 红色字体为 setup 和 reverse 步骤

※ 下画线字体为原始公式

第二篇
高阶魔方还原之路

　　高阶魔方并不单单是方块数量的增多，块与块之间的构造与还原方法也蕴含着更深层次的知识。还原过程中需要应用更灵活的技巧和多变的思路，观察能力也更加重要，适时放慢手速反而会提高整体的还原速度。

就爱玩魔方
多种魔方玩法一学就会

第5章 五阶魔方玩法

5.1 五阶魔方简介

五阶魔方（Professor's Cube）由乌多·克雷尔（Udo Krell）在 1982 年发明。它是六轴六面体魔方，有 8 个角块、48 个可移动的中心块、6 个与轴相连的中心块、36 个棱块，共有约 2.83×10^{74} 种状态。世界魔方协会认证的五阶魔方比赛项目包括五阶魔方速拧和五阶魔方盲拧。

5.2 五阶魔方转动符号

1. 单层转动

外层顺时针转动 90°：R（右，Right）、L（左，Left）、U（上，Up）、D（下，Down）、F（前，Front）、B（后，Back）。

外层逆时针转动 90°：R′、L′、U′、D′、F′、B′。

外层转动 180°：R2、L2、U2、D2、F2、B2。

第二层顺时针转动 90°：r、l、u、d、f、b。

第二层逆时针转动 90°：r′、l′、u′、d′、f′、b′。

第二层转动 180°：r2、l2、u2、d2、f2、b2。

中层顺时针转动 90°：M（方向同 L）、S（方向同 F）、E（方向同 D）。

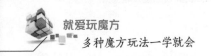

中层逆时针转动90°：M′、S′、E′。

中层转动180°：M2、S2、E2。

2. 整体转动

整体顺时针转动90°：x（方向同R）、y（方向同U）、z（方向同F）。

整体逆时针转动90°：x′、y′、z′。

整体转动180°：x2、y2、z2。

3. 双层转动

外侧双层顺时针转动90°：Rw、Lw、Uw、Dw、Fw、Bw。

外侧双层逆时针转动90°：Rw′、Lw′、Uw′、Dw′、Fw′、Bw′。

外侧双层转动180°：Rw2、Lw2、Uw2、Dw2、Fw2、Bw2。

4. 多层转动

外侧三层顺时针转动90°：3R、3L、3U、3D、3F、3B。

外侧三层逆时针转动90°：3R′、3L′、3U′、3D′、3F′、3B′。

外侧三层转动180°：3R2、3L2、3U2、3D2、3F2、3B2。

外侧四层顺时针转动90°：4R、4L、4U、4D、4F、4B。

外侧四层逆时针转动90°：4R′、4L′、4U′、4D′、4F′、4B′。

外侧四层转动180°：4R2、4L2、4U2、4D2、4F2、4B2。

五阶魔方转动说明					
R	U	F	L	D	B
Rw	Uw	Fw	Lw	Dw	Bw

（续）

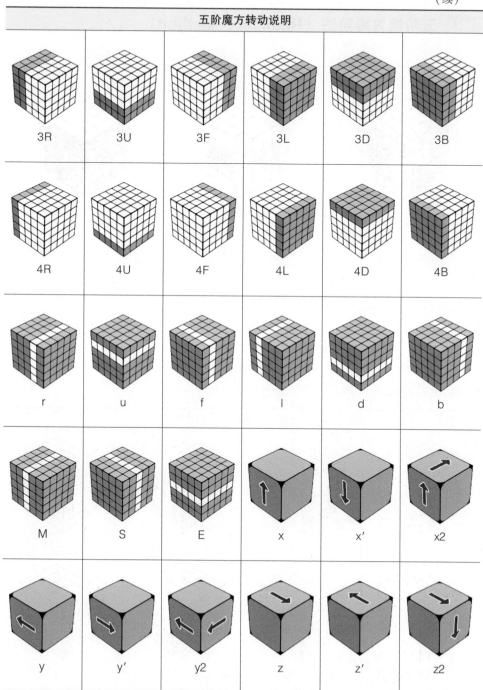

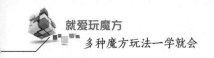
5.3 五阶魔方降阶法 (Reduction Method)

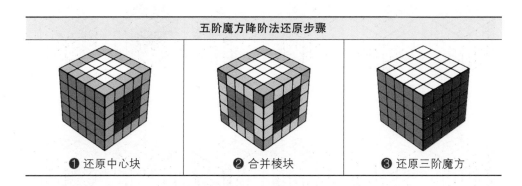

五阶魔方降阶法还原步骤

❶ 还原中心块　　❷ 合并棱块　　❸ 还原三阶魔方

1. 还原中心块

这一步将要还原全部中心块。每组中心块包括 4 个棱心块和 4 个角心块，通常按照底面和顶面、侧面的顺序依次还原每个面的中心块。

五阶魔方的 3×3 中心块通常有两种还原方式：

- 将 3×3 中心块分为 3 组 1×3 中心块进行还原；
- 先还原 2×2 中心块，再还原 1 组 1×2 中心块形成 2×3 中心块，最后还原剩余的 1 组 1×3 中心块。

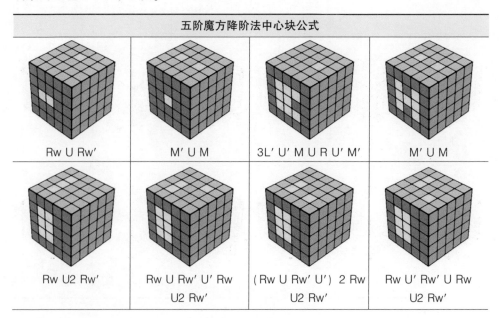

五阶魔方降阶法中心块公式

Rw U Rw'　　M' U M　　3L' U' M U R U' M'　　M' U M

Rw U2 Rw'　　Rw U Rw' U' Rw U2 Rw'　　(Rw U Rw' U') 2 Rw U2 Rw'　　Rw U' Rw' U Rw U2 Rw'

（续）

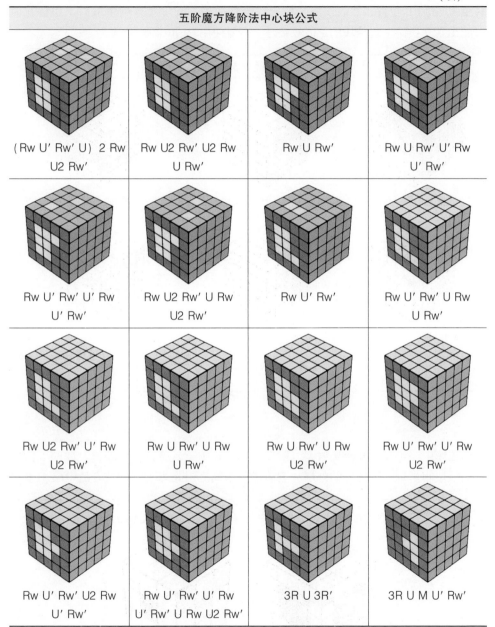

五阶魔方降阶法中心块公式			
(Rw U' Rw' U) 2 Rw U2 Rw'	Rw U2 Rw' U2 Rw U Rw'	Rw U Rw'	Rw U Rw' U' Rw U' Rw'
Rw U' Rw' U' Rw U' Rw'	Rw U2 Rw' U Rw U2 Rw'	Rw U' Rw'	Rw U' Rw' U Rw U Rw'
Rw U2 Rw' U' Rw U2 Rw'	Rw U Rw' U Rw U Rw'	Rw U Rw' U Rw U2 Rw'	Rw U' Rw' U' Rw U2 Rw'
Rw U' Rw' U2 Rw U' Rw'	Rw U' Rw' U' Rw U' Rw' U Rw U2 Rw'	3R U 3R'	3R U M U' Rw'

2. 合并棱块

这一步将要合并全部的棱块，将五阶魔方转化为三阶魔方。五阶魔方的棱块共有 12 组，每组都由颜色相同的 3 块组成。观察相同颜色的棱块位置，将它们分别移至 UF 和 UB 位置，然后使用并棱公式进行并棱。五阶魔方剩余最后 1 组棱块时可能出现交换两个边棱块的 Parity 状态，需要使用 Parity 翻棱公式。

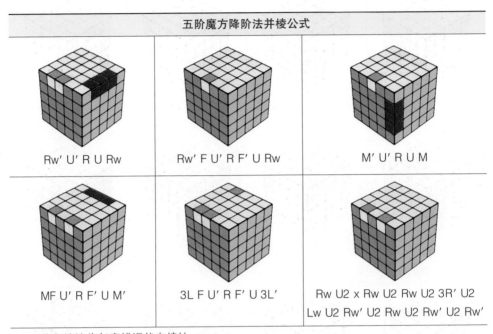

五阶魔方降阶法并棱公式

Rw' U' R U Rw	Rw' F U' R F' U Rw	M' U' R U M
MF U' R F' U M'	3L F U' R F' U 3L'	Rw U2 x Rw U2 Rw U2 3R' U2 Lw U2 Rw' U2 Rw U2 Rw' U2 Rw'

※紫色棱块为任意错误状态棱块

3. 还原三阶魔方

还原中心块和合并棱块后，五阶魔方可以视为三阶魔方进行还原，此时五阶魔方的外层相当于三阶魔方的外层，五阶魔方中间三层相当于三阶魔方的中层。

五阶魔方降阶图示

降阶后的五阶魔方与等价的三阶魔方

5.4　五阶魔方 84 法

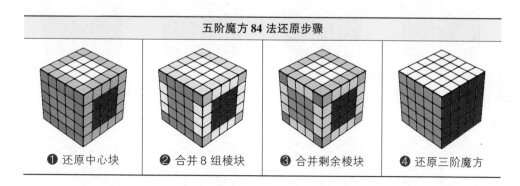

五阶魔方 84 法还原步骤			
❶ 还原中心块	❷ 合并 8 组棱块	❸ 合并剩余棱块	❹ 还原三阶魔方

1.　还原中心块

这一步将要还原全部中心块。每组中心块包括 4 个棱心块和 4 个角心块，通常按照底面和顶面、侧面的顺序依次还原每个面的中心块。

五阶魔方的 3×3 中心块通常有两种还原方式：

- 将 3×3 中心块分为 3 组 1×3 中心块进行还原；
- 先还原 2×2 中心块，再还原 1 组 1×2 中心块形成 2×3 中心块，最后还原剩余的 1 组 1×3 中心块。

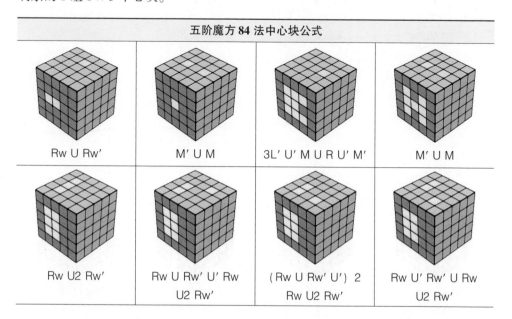

五阶魔方 84 法中心块公式			
Rw U Rw'	M' U M	3L' U' M U R U' M'	M' U M
Rw U2 Rw'	Rw U Rw' U' Rw U2 Rw'	(Rw U Rw' U') 2 Rw U2 Rw'	Rw U' Rw' U Rw U2 Rw'

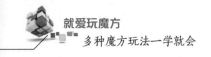
（续）

五阶魔方 84 法中心块公式			
（Rw U' Rw' U）2 Rw U2 Rw'	Rw U2 Rw' U2 Rw U Rw'	Rw U Rw'	Rw U Rw' U' Rw U' Rw'
Rw U' Rw' U' Rw U' Rw'	Rw U2 Rw' U Rw U2 Rw'	Rw U' Rw'	Rw U' Rw' U Rw U Rw'
Rw U2 Rw' U' Rw U2 Rw'	Rw U Rw' U Rw U Rw'	Rw U Rw' U Rw U2 Rw'	Rw U' Rw' U' Rw U2 Rw'
Rw U' Rw' U2 Rw U' Rw'	Rw U' Rw' U' Rw U' Rw' U Rw U2 Rw'	3R U 3R'	3R U M U' Rw'
Rw' F Rw	M F M'	Rw U' Rw'	Rw U Rw'

188

（续）

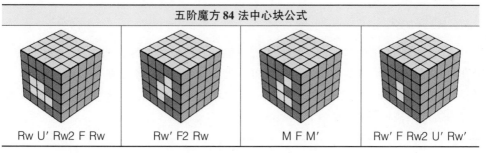

五阶魔方 84 法中心块公式			
Rw U' Rw2 F Rw	Rw' F2 Rw	M F M'	Rw' F Rw2 U' Rw'

2. 合并 8 组棱块

这一步将要利用中层合并 8 组棱块。观察相同颜色的棱块位置，将它们移至 UF 和 UB 位置，然后转动 Rw 和 Lw 进行并棱。已合并的棱块需要移至 L 层或 R 层，直到合并完 8 组棱块。并棱时中层可能处于错层状态，并棱前后需要保持中心块的方向不变，8 组棱块完成后最多通过两步转动即可复原错层状态的中心块。

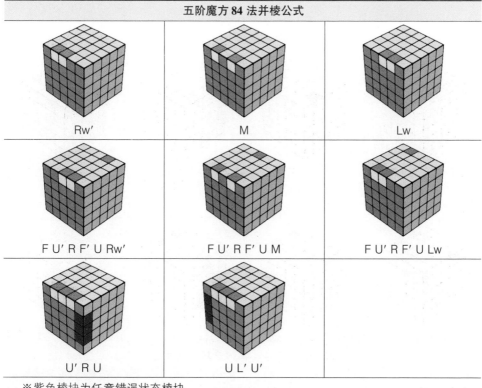

五阶魔方 84 法并棱公式		
Rw'	M	Lw
F U' R F' U Rw'	F U' R F' U M	F U' R F' U Lw
U' R U	U L' U'	

※紫色棱块为任意错误状态棱块

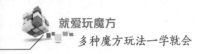
3. 合并剩余棱块

　　这一步将要合并剩余的 4 组棱块，将五阶魔方转化为三阶魔方。剩余的 4 组棱块将处于 UF、UB、DF、DB 位置，使用并棱公式进行并棱。五阶魔方剩余最后 1 组棱块时可能出现交换两个边棱块的 Parity 状态，需要使用 Parity 翻棱公式。

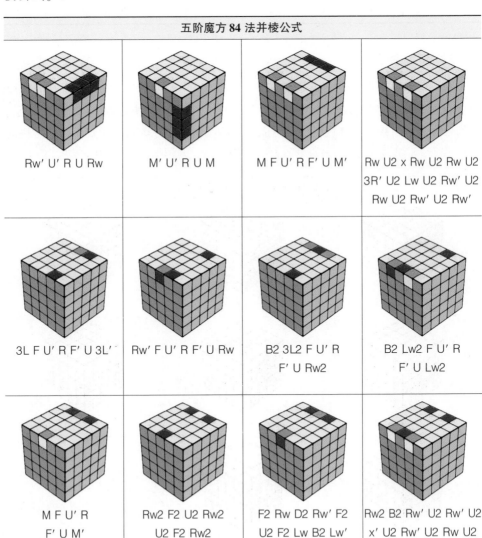

五阶魔方 84 法并棱公式

Rw' U' R U Rw	M' U' R U M	M F U' R F' U M'	Rw U2 x Rw U2 Rw U2 3R' U2 Lw U2 Rw' U2 Rw U2 Rw' U2 Rw'
3L F U' R F' U 3L'	Rw' F U' R F' U Rw	B2 3L2 F U' R F' U Rw2	B2 Lw2 F U' R F' U Lw2
M F U' R F' U M'	Rw2 F2 U2 Rw2 U2 F2 Rw2	F2 Rw D2 Rw' F2 U2 F2 Lw B2 Lw'	Rw2 B2 Rw' U2 Rw' U2 x' U2 Rw' U2 Rw U2 Rw' U2 Rw2

（续）

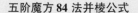

五阶魔方 84 法并棱公式			

Lw' U2 Lw' U2 F2 Lw' F2 Rw U2 Rw' U2 Lw2	Rw2 F2 U2 Lw' U2 Lw2 F2 Lw' U2 Rw2 U2 F2 Rw	Lw2 F2 U2 Lw' U2 Lw2 F2 Lw' U2 Lw2 U2 F2 Lw'	Rw' U2 Rw' U2 B2 Rw' B2 Rw' F2 Lw2 F2 Rw U2 Rw2

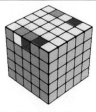 

Rw U2 Rw2 U2 Rw' U2 Rw U2 Rw' U2 Rw2 U2 Rw	Rw' U2 Rw2 U2 Rw U2 Rw' U2 Rw U2 Rw2 U2 Rw'		

※紫色棱块为任意错误状态棱块

4. 还原三阶魔方

还原中心块和合并棱块后，五阶魔方可以视为三阶魔方进行还原。

5.5　五阶魔方 Yau 法

五阶魔方 Yau 法还原步骤		

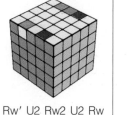 

❶ 还原相对的 2 组中心块	❷ 还原底面 3 组棱块	❸ 还原侧面中心块

（续）

五阶魔方 Yau 法还原步骤		

❹ 还原底层棱块	❺ 合并剩余棱块	❻ 还原三阶魔方

1. 还原相对的 2 组中心块

这一步将要还原处于相对位置的 2 组中心块。在后续步骤中将要进行 Cross 的还原，所以通常选择还原常用底面颜色的中心块和相对面的中心块。

五阶魔方 Yau 法中心块公式			
Rw U Rw'	M' U M	3L' U' M U R U' M'	M' U M
Rw U2 Rw'	Rw U Rw' U' Rw U2 Rw'	(Rw U Rw' U') 2 Rw U2 Rw'	Rw U' Rw' U Rw U2 Rw'
(Rw U' Rw' U) 2 Rw U2 Rw'	Rw U2 Rw' U2 Rw U Rw'	Rw U Rw'	Rw U Rw' U' Rw U' Rw'

（续）

五阶魔方 Yau 法中心块公式

Rw U' Rw' U' Rw U' Rw'	Rw U2 Rw' U Rw U2 Rw'	Rw U' Rw'	Rw U' Rw' U Rw U Rw'
Rw U2 Rw' U' Rw U2 Rw'	Rw U Rw' U Rw U Rw'	Rw U Rw' U Rw U2 Rw'	Rw U' Rw' U' Rw U2 Rw'
Rw U' Rw' U2 Rw U' Rw'	Rw U' Rw' U' Rw U' Rw' U Rw U2 Rw'	3R U 3R'	3R U M U' Rw'
Rw' F Rw	M F M'	Rw U' Rw'	Rw U Rw'
Rw U' Rw2 F Rw	Rw' F2 Rw	M F M'	Rw' F Rw2 U' Rw'

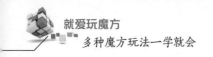
2. 还原底面3组棱块

这一步将要合并3组底层棱块并放在正确位置。由于底面和顶面中心块已经还原，将还原好的中心块放在 L 面和 R 面，利用中层和 U 层并棱，并棱后将棱块移动至 L 面且与其他棱块的相对位置正确。

五阶魔方 Yau 法 Cross 并棱公式		
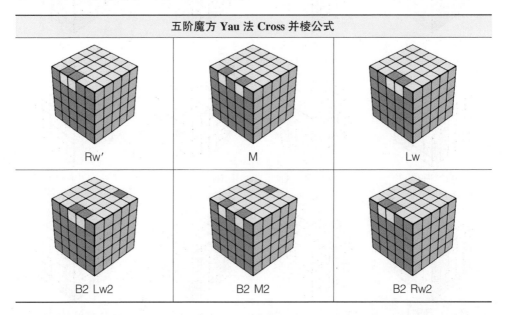		
Rw'	M	Lw
B2 Lw2	B2 M2	B2 Rw2

3. 还原侧面中心块

这一步将要还原侧面4组中心块。底面和顶面中心块同样放在 L 面和 R 面保持不变，利用 U 和 Rw 转动还原侧面中心块。由于底层棱块已还原3组，需要用4R转动代替 x 转体，将未还原的位置保持在 UL 位置，防止已还原的3组棱块被破坏。

五阶魔方 Yau 法中心块公式			
Rw U Rw'	M' U M	3L' U' M U R U' M' U	M' U M

（续）

五阶魔方 Yau 法中心块公式			
Rw U2 Rw′	Rw U Rw′ U′ Rw U2 Rw′	（Rw U Rw′ U′）2 Rw U2 Rw′	Rw U′ Rw′ U Rw U2 Rw′
（Rw U′ Rw′ U）2 Rw U2 Rw′	Rw U2 Rw′ U2 Rw U Rw′	Rw U Rw′	Rw U Rw′ U′ Rw U′ Rw′
Rw U′ Rw′ U′ Rw U′ Rw′	Rw U2 Rw′ U Rw U2 Rw′	Rw U′ Rw′	Rw U′ Rw′ U Rw U Rw′
Rw U2 Rw′ U′ Rw U2 Rw′	Rw U Rw′ U Rw U Rw′	Rw U Rw′ U Rw U2 Rw′	Rw U′ Rw′ U′ Rw U2 Rw′
Rw U′ Rw′ U2 Rw U′ Rw′	Rw U′ Rw′ U′ Rw U′ Rw′ U Rw U2 Rw′	3R U 3R′	3R U M U′ Rw′

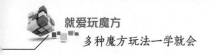

4. 还原底层棱块

这一步将要还原最后 1 组底层棱块，完成 Cross。将最后一组 Cross 棱块移动至 M 层，然后通过 M 方向的中层转动进行并棱和归位。

五阶魔方 Yau 法 Cross 并棱公式			
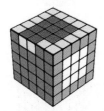			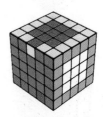
Rw' U' R U' R' U2 Rw	M U' R U' R' U2 M'	l U' R U' R' U2 l'	l Rw U' R U' R' U2 Rw l'

5. 合并剩余棱块

这一步将要合并剩余的 8 组棱块，将五阶魔方转化为三阶魔方。由于 Cross 已经还原，寻找棱块时不需要观察底层棱块。

五阶魔方 Yau 法并棱公式			
		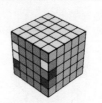	
Uw' R U R' Uw	3U' Uw R U R' Uw' 3U	3U L' U' L F' L F L' 3U	3U' R U R' F R' F' R 3U

L2 Uw2 F' U' F U R U' R' Uw2 L2	L2 3U2 F' U' F U R U' R' 3U2 L2	3U' Uw R U R' F R' F' R Uw' 3U	Rw U2 x Rw U2 Rw U2 3R' U2 Lw U2 Rw' U2 Rw U2 Rw' U2 Rw'

（续）

五阶魔方 Yau 法并棱公式			

Uw2 Rw2 F2 U2 Uw2 F2 Rw2 Uw2	F2 Rw D2 Rw' F2 U2 F2 Lw B2 Lw'	Rw2 B2 Rw' U2 Rw' U2 x' U2 Rw' U2 Rw U2 Rw' U2 Rw2 U2	Lw' U2 Lw' U2 F2 Lw' F2 Rw U2 Rw' U2 Lw2
Rw2 F2 U2 Lw' U2 Lw2 F2 Lw' U2 Rw2 U2 F2 Rw F2	Lw2 F2 U2 Lw' U2 Lw2 F2 Lw' U2 Lw2 U2 F2 Lw' F2	Rw' U2 Rw' U2 B2 Rw' B2 Rw' F2 Lw2 F2 L2 Rw U2 Rw2	Rw U2 Rw2 U2 Rw' U2 Rw U2 Rw' U2 Rw2 U2 Rw
Rw' U2 Rw2 U2 Rw U2 Rw' U2 Rw U2 Rw2 U2 Rw'			

※紫色棱块为任意错误状态棱块

6. 还原三阶魔方

还原中心块和合并棱块后，五阶魔方可以视为三阶魔方进行还原。

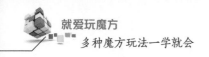
5.6 五阶魔方盲拧 M2R2 法

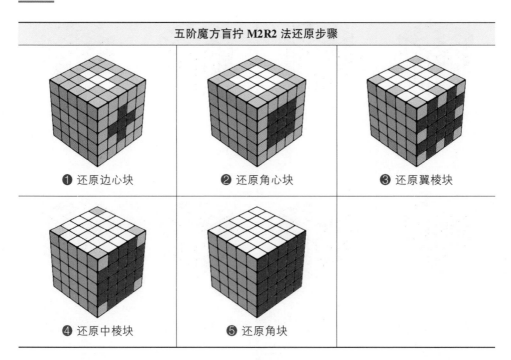

五阶魔方盲拧 M2R2 法还原步骤

❶ 还原边心块　　❷ 还原角心块　　❸ 还原翼棱块

❹ 还原中棱块　　❺ 还原角块

1. 编码定义

盲拧 M2R2 法需要为 36 个棱块、54 个中心块和 8 个角块进行编码，每个翼棱块和中心块上有 1 个编码，每个中棱块上有 2 个编码，每个角块上有 3 个编码。

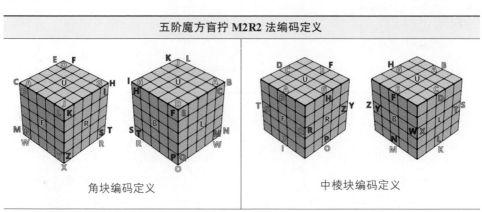

五阶魔方盲拧 M2R2 法编码定义

角块编码定义　　　　　　　　　中棱块编码定义

（续）

五阶魔方盲拧 **M2R2** 法编码定义

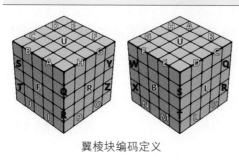

翼棱块编码定义

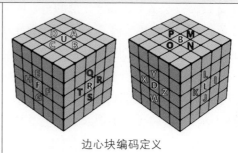

边心块编码定义

角心块编码定义

2. 缓冲块

盲拧 M2R2 法利用缓冲块参与的三循环公式进行还原，缓冲块为置换公式的起始块。角块缓冲块选择 DFR 块，翼棱块缓冲块选择 DFr 块，中棱块缓冲块选择 DF 块，角心块缓冲块选择 Dfr 块，边心块缓冲块选择 Df 块。

3. 编码方法

①从任意一个未编码的块开始（通常为缓冲块），记下这个位置的编码。

②观察当前位置上的块，找到它的正确位置，记下这个位置的编码。

③重复步骤②，直到编码至已编码的块，完成一组编码循环。

④重复步骤①~③，直到对所有不正确的块都完成了编码。

4. 还原方法

（1）编码还原

盲拧 M2R2 法中通过 M2 和 R2 三循环公式对块的位置进行交换，同时还原它的位置和（角块和中棱块）方向。每个公式还原 1 个块，还原过程中忽略缓冲块上

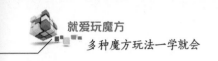
的编码。

还原角心块和翼棱块时，每次使用 r2 公式会交换 r 层上其他块的位置。在使用了奇数次 r2 公式时，位于 r 层的角心块 C/F/G 将与 Y/P/M 交换，翼棱块 A 将与 N 交换，此时角心块编码 C/F/G 与编码 Y/P/M 的公式互换，翼棱块编码 A 与编码 N 的公式互换；使用了偶数次 r2 公式则 r 层不受影响。

还原边心块和中棱块时，每次使用 M2 公式会交换 M 层上其他块的位置。在使用了奇数次 M2 公式时，位于 M 层的边心块 C 将与 Y 交换，中棱块 A 将与 N 交换，此时中棱块编码 A 与编码 N 的公式互换，边心块编码 C 与编码 Y 的公式互换；使用了偶数次 M2 公式则 M 层不受影响。

还原角块时，每次使用角块 R2 公式会交换 R 层上其他块的位置。在使用了奇数次角块 R2 公式时，位于 R 层的角块 J/K/L 位置将与 R/S/T 位置交换，此时编码 J/K/L 将与编码 R/S/T 的公式互换；使用了偶数次角块 R2 公式，则 R 层角块不受影响。

（2）原地翻转

原地翻转的角块翻转角度总和应为 360°的倍数，出现翻转角度总和不为 360°的倍数的情况，则说明缓冲块（DFR）也需要翻转；原地翻转的中棱块数量应为偶数，出现翻转数量为奇数的情况，则说明缓冲块（DF）也需要翻转。

（3）奇偶校验

①边心块和角心块编码为奇数时，在剩余编码前添加与它同面的任意其他编码。

②翼棱块编码为奇数时，编码后添加编码 FF，再使用奇偶校验公式进行还原。

③中棱块编码为奇数时，编码后添加编码 EE，还原角块后同时还原中棱块。

④角块编码为奇数时，编码后添加编码 DD，再使用奇偶校验公式将角块还原。

翼棱块奇偶校验公式：r′ U2 r2 U2 r U2 r U2 r2 l U2 r′ U2 r U2 l′ U2

角块奇偶校验公式：F2 U2 Rw2 U2 Rw U2 Rw2 U2 Rw2 U2 Rw U2 Rw2 R U R′ U′ R′ F R2 U′ R′ U′ R U R′ F′ U2 F2

五阶魔方盲拧 M2R2 法角心块公式			
编码	公式	编码	公式
A	l U′ l′ U r2 U′ l U l′	B	r2
C	U′ D′ l2 D r2 D′ l2 D r2 U r2	D	l F U′ l′ U r2 U′ l U r2 F′ l′ r2

（续）

	五阶魔方盲拧 **M2R2** 法角心块公式		
编码	公式	编码	公式
E	U′ l′ U r2 U′ l U	F	F′ U′ l′ U r2 U′ l U r2 F r2
G	F2 U′ l′ U r2 U′ l U r2 F2 r2	H	F U′ l′ U r2 U′ l U r2 F′ r2
I	L b L′ b′ r2 b L b′ L′	J	b L′ b′ r2 b L b′
K	b L2 b′ r2 b L2 b′	L	L2 b L′ b′ r2 b L b′ L2
M	B2 U′ l U r2 U′ l′ U r2 B2 r2	N	B U′ l U r2 U′ l′ U r2 B′ r2
O	U′ l U r2 U′ l′ U	P	B′ U′ l U r2 U′ l′ U r2 B r2
Q	b′ R2 b r2 b R2 b′	R	R2 b′ R′ b r2 b′ R b R2
S	R b′ R′ b r2 b′ R b R′	T	b′ R′ b r2 b′ R b
W	U′ l2 U r2 U′ l2 U	X	缓冲块
Y	D′ r2 U′ l2 U r2 U′ l2 U D r2	Z	l′ F U′ l′ U r2 U′ l U r2 F′ l r2

	五阶魔方盲拧 **M2R2** 法边心块公式		
编码	公式	编码	公式
A	M2	B	r U r′ U′ M2 U r U′ r′
C	U′ r′ U2 r U′ M2 U r U′ M2 U′ r U M2	D	l′ U′ l U M2 U′ l′ U l
E	F U r U′ M2 U r′ U′ M2 F′ M2	F	U r U′ M2 U r′ U′
G	F′ U r U′ M2 U r′ U′ M2 F M2	H	U′ l U M2 U′ l U
I	b L′ B′ M2 b L b′	J	b L2 b′ M2 b L2 b′
K	b L b′ M2 b L′ B′	L	D′ B′ D M2 D′ B D
M	B′ U r′ U′ M2 U r U′ M2 B M2	N	U′ L U M2 U′ L′ U
O	B U r′ U′ R M2 r′ U r U′ M2 B′ M2	P	U r′ U′ M2 U r U′
Q	b′ R b M2 b′ R′ B	R	D′ B D M2 D′ B′ D
S	b′ R′ B M2 b′ R b	T	b′ R2 b M2 b′ R2 b
W	缓冲块	X	U r2 U′ M2 U r2 U′
Y	D′ R D U r U′ M2 U r′ U′ M2 D′ R′ D M2	Z	U′ L2 U M2 U′ L2 U

五阶魔方盲拧 M2R2 法翼棱块公式

编码	公式	编码	公式
A	F d R U R' d' R U' R' F' r2	B	l' U R' U' B' R2 B r2 B' R2 B U R U' l'
C	B L' B' r2 B L B'	D	L U' L' U r2 U' L U L'
E	U R' U' B' R2 B r2 B' R2 B U R U'	F	r2
G	B' R B r2 B' R' B	H	R' U R U' r2 U R' U' R
I	缓冲块	J	l2 U R' U' B' R2 B r2 B' R2 B U R U' l2
K	U' L2 U r2 U' L2 U	L	B L B' r2 B L' B'
M	l U R' U' B' R2 B r2 B' R2 B U R U' l	N	r2 F R U R' D R U' R' D' F'
O	U R2 U' r2 U R2 U'	P	B' R' B r2 B' R B
Q	B' R2 B r2 B' R2 B	R	U R U' r2 U R' U'
S	U' L' U r2 U' L U	T	B L2 B' r2 B L2 B'
W	L' B L B' r2 B L' B' L	X	U' L U r2 U' L' U
Y	U R' U' r2 U R U'	Z	R B' R' B r2 B' R B R'

五阶魔方盲拧 M2R2 法中棱块公式

编码	公式	编码	公式
A	U2 M' U2 M'	B	B' M' U' R' U M U' R U B M2
C	L U' L' U M2 U' L U L'	D	x' U L' U' M2 U L U' x
E	M2	F	U B' R U' B M2 B' U' R' B U'
G	R U R' U' M2 U R U' R'	H	x' U' R U M2 U' R' U x
I	缓冲块	J	缓冲块
K	U' L2 U M2 U' L2 U	L	x' U L U' M2 U L' U' x
M	M U2 M U2	N	x' F M U R U' M' U R' U' F' M2 x
O	U R2 U' M2 U R2 U'	P	x' U' R' U M2 U' R U x
Q	U R U' M2 U R' U'	R	x' U' R2 U M2 U' R2 U x
S	U' L' U M2 U' L U	T	x' U L2 U' M2 U L2 U' x
W	U' L U M2 U' L' U	X	Rw' U L U' M2 U L' U' Rw
Y	U R' U' M2 U R U'	Z	Lw U' R' U M2 U' R U Lw'

	五阶魔方盲拧 **M2R2** 法角块公式		
编码	公式	编码	公式
A	L' U2 L' U2 L U2 R2 U2 L' U2 L U2 L	B	L2 U' L U R2 U' L' U L2
C	L' U' L' U R2 U' L U L	D	L' U' L U R2 U' L' U L
E	U' L' U R2 U' L U	F	U2 L' U2 L U2 R2 U2 L' U2 L U2
G	R2	H	U' L' U L U' L' U R2 U' L U L U' L' U
I	U' L U L' U' L U R2 U' L' U L U' L' U	J	U' R F'3R U R2 U'3R' F R U R2
K	F' R U R2 U' R' F R U R2 U' R	L	R2 U' R2 L U L U' R' U' L' U' L' R' U
M	L2 U' L' U R2 U' L U L2	N	L2 U2 L' U2 L U2 R2 U2 L' U2 L U2 L2
W	U' L2 U R2 U' L2 U	O	L U2 L' U2 L U2 R2 U2 L' U2 L U2 L'
P	U' L U R2 U' L' U	Q	L U' L' U R2 U' L U L'
R	R2 U' R' F'3R U R2 U'3R' F R' U	S	R' U R2 U' R' F' R U R2 U' R' F
T	R U R' D 3R2 U' R U 3R2 U' D' R	X	缓冲块
Y	缓冲块	Z	缓冲块

	五阶魔方盲拧角块和中棱块色向调整公式		
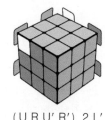	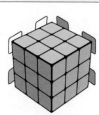	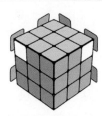	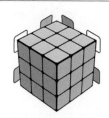
(U R U' R') 2 L' (R U R' U') 2 L	L' (U R U' R') 2 L (R U R' U') 2	z' (U R U' R') 2 L2 (R U R' U') L2 z	z' L2 (U R U' R') 2 L2 (R U R' U') z

(M' U) 3 U (M U) 3 U	M2 U M U2 (M' U) 3 U M U M'		

203

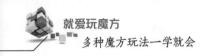
5.7 五阶魔方盲拧三循环法

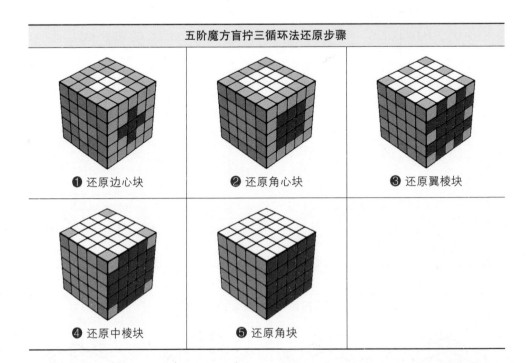

五阶魔方盲拧三循环法还原步骤		
❶ 还原边心块	❷ 还原角心块	❸ 还原翼棱块
❹ 还原中棱块	❺ 还原角块	

1. 编码定义

盲拧三循环法需要为 36 个棱块、54 个中心块和 8 个角块进行编码，每个翼棱块和中心块上有 1 个编码，每个中棱块上有 2 个编码，每个角块上有 3 个编码。(具体编码同 5.6 "五阶魔方盲拧 M2R2 法"中"编码定义")

2. 缓冲块

盲拧三循环法利用缓冲块参与的三循环公式进行还原，缓冲块为置换公式的起始块。角块缓冲块选择 DBL 块，翼棱块缓冲块选择 UBl 块，中棱块缓冲块选择 UF 块，角心块缓冲块选择 Ubl 块，边心块缓冲块选择 Ub 块。

3. 编码方法

①从任意一个未编码的块开始（通常为缓冲块），记下这个位置的编码。

②观察当前位置上的块，找到它的正确位置，记下这个位置的编码。

③重复步骤②，直到编码至已编码的块，完成一组编码循环。

④重复步骤①~③，直到对所有不正确的块都完成了编码。

4. 还原方法

（1）编码还原

盲拧三循环法中以三循环公式对块的位置进行交换，同时还原它的位置和（角块和中棱块）方向。每个公式还原两个块，还原过程中忽略缓冲块上的编码。

（2）原地翻转

原地翻转的角块翻转角度总和应为360°的倍数，出现翻转角度总和不为360°的倍数的情况，则说明缓冲块（DBL）也需要翻转；原地翻转的中棱块数量应为偶数，出现翻转数量为奇数的情况，则说明缓冲块（UF）也需要翻转。

（3）奇偶校验

①边心块和角心块编码为奇数的情况，在剩余编码前添加与它同面的任意其他编码。

②翼棱块编码为奇数的情况，编码后添加编码 BB，再使用奇偶校验公式进行还原。

③中棱块编码为奇数的情况，编码后添加编码 EE，还原角块后同时还原中棱块。

④角块编码为奇数的情况，编码后添加编码 WW，再使用奇偶校验公式将角块还原。

翼棱块奇偶校验公式：r2 U2 l U2 r′ U2 r U2 F2 r F2 l′ r2

角块奇偶校验公式：L2 U2 Rw2 U2 Rw U2 Rw2 U2 Rw2 U2 Rw U2 Rw2 R U R′ U′ R′ F R2 U′ R′ U′ R U R′ F′ U2 L2

五阶魔方盲拧三循环法角心块公式			
编码	公式	编码	公式
EQ	y u′ l′ U′ l u l′ U l y′	QE	y l′ U′ l u′ l′ U l u y′
FR	r U r′ u r U′ r′ u′	RF	u r U r′ u′ r U′ r′
GS	r U2 r′ d′ r U2 r′ d	SG	d′ r U2 r′ d r U2 r′
HT	y d l′ U2 l d′ l′ U2 l y′	TH	y l′ U2 l d l′ U2 l d′ y′
EM	u2 r′ U2 r u2 r′ U2 r	ME	r′ U2 r u2 r′ U2 r u2

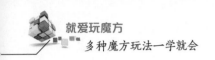
（续）

五阶魔方盲拧三循环法角心块公式

编码	公式	编码	公式
FN	r U r' u2 r U' r' u2	NF	u2 r U r' u2 r U' r'
GO	r U2 r' d2 r U2 r' d2	OG	d2 r U2 r' d2 r U2 r'
HP	d2 r' U r d2 r' U' r	PH	r' U r d2 r' U' r d2
BE	x U r' U' l U r U' l' x'	EB	x l U r' U' l' U r U' x'
BF	x r' U' l U r U' l' U x'	FB	x U' l U r' U' l' U r x'
CE	U2 r u2 r' U2 r u2 r'	EC	r u2 r' U2 r u2 r' U2
CF	y' U2 r' u r U2 r' u' r y	FC	y' r' u r U2 r' u' r U2 y
BW	(D r2 D' l2) 2	WB	(l2 D r2 D') 2
BX	(r2 D' l2 D) 2	XB	(D' l2 D r2) 2
CW	Lw' U' Lw' (D r2 D' l2) 2 Lw U Lw'	WC	Lw' U' Lw' (l2 D r2 D') 2 Lw U Lw'
CX	Rw' F d2 r' U r d2 r' U' r F' Rw	XC	Rw' F r' U r d2 r' U' r d2 F' Rw
EW	F l2 U r U' L2 U r' U' F'	WE	F U r U' l2 U r' U' l2 F'
EX	U r2 U' L' U r2 U' L	XE	l' U r2 U' l U r2 U'
FW	l2 U r U' L2 U r' U'	WF	U r U' l2 U r' U' l2
FX	x U' L U r U' L' U r' x'	XF	x r U' l U r' U' l' U x'

五阶魔方盲拧三循环法边心块公式

编码	公式	编码	公式
BE	x U r' U' M U r U' M' x'	EB	x M U r' U' M' U r U' x'
BM	x' U' r U' M' U r' U' M U2 x	MB	x' U2 M' U r U' M U r' U x
BW	(D r2 D' M2) 2	WB	(M2 D r2 D') 2
CE	y' R U2 r' E r U2 r' E' r R' y	EC	y' R r' E r U2 r' E' r U2 R' y
CM	y' Rw' F' M' U M u' M' U' M u F Rw y	MC	y' Rw' F' u' M' U M u M' U' M F Rw y
CW	Fw' R2 y' (r U2 r' E2) 2 y R2 Fw	WC	Fw' R2 y' (E2 r U2 r') 2 y R2 Fw
EQ	y u' M' U' M u M' U M y'	QE	y M' U' M u' M' U M u y'
EM	U' M' U M u2 M' U' M U u2	ME	u2 U' M' U M u2 M' U' M U
EW	D U r2 U' M' U r2 U' M D'	WE	F U r U' M2 U r' U' M2 F'

	五阶魔方盲拧三循环法翼棱块公式		
编码	公式	编码	公式
AB	U2 r' U2 r U2 l U2 r' U2 r U2 l'	BA	l U2 r' U2 r U2 l' U2 r' U2 r U2
AF	r U2 l' U2 l U2 r' U2 l' U2 l U2	FA	U2 l' U2 l U2 r U2 l' U2 l U2 r'
BF	U2 r U2 r' U2 l' U2 r U2 r' U2 l	FB	l' U2 r U2 r' U2 l U2 r U2 r' U2
BC	L' U' L U l' U' L' U Lw	CB	Lw' U' L U l U' L' U L
BD	Lw U L U' l' U L U' L'	DB	L U L' U' l U L U' Lw'
BG	R U R' U' l' U R U' R' l	GB	l' R U R' U' l U R U' R'
BH	l R' U' R U l' U' R' U R	HB	R' U' R U l U' R' U R l
AC	y' F' U2 R' u' R U2 R' u R F y	CA	y' F' R' u' R U2 R' u R U2 F y
AD	x U2 l2 U L U' l2 U L' U x'	DA	x U' L U' l2 U L' U' l2 U2 x'
AG	F' R' u' R U R' u R U' F	GA	F' U r' u' R U' R' U R F
AH	x U2 l2 U' R' U l2 U' R U' x'	HA	x U R' U l2 U' R U l2 U2 x'
BI	D l U' R2 U l' U' R2 U D'	IB	D U' R2 U l U' R2 U l' D'
BJ	F R U R' u' R U' R' u F'	JB	F u' R U R' u R U' R' F'
AI	F' u' R U R' u R U' R' F	IA	F' R U R' u' R U' R' u F
AJ	Rw (l2 U2 r U2 r' U2) 2 Rw'	JA	Rw (U2 r U2 r' U2 l2) 2 Rw'
FJ	(l2 U2 r U2 r' U2) 2	JF	(U2 r U2 r' U2 l2) 2
FI	(U2 l' U2 l U2 r2) 2	IF	(r2 U2 l' U2 l U2) 2

	五阶魔方盲拧三循环法棱块公式		
编码	公式	编码	公式
CE	U' R2 U R U R' U' R' U' R' U R' U	CF	B' R U R U R' U' R' U' R' U B
CG	R2 U R U R' U' R' U' R' U R'	CH	U L U' L U M' U' L' U Lw U'
DE	U' M U M' U2 M U M' U	DF	L' U' L U M' U' L' U Lw
DG	U' Rw U R' U' M U R U' R' U	DH	M U M' U2 M U M'
EC	U' R U' R U R U R U' R' U' R2 U	ED	U' M U' M' U2 M U' M' U
EG	U R2 U R U R' U' R' U' R' U R' U'	EH	U M U M' U2 M U M' U'
FC	B' U' R U R U R U' R' U' R' B	FD	Lw' U' L U M U' L' U L
FG	R' U' R U M U' R' U Rw	FH	Rw U R' U' M U R U' R'
GC	R U' R U R U R U' R' U' R2	GD	U' R U R U' M' U R U' Rw' U

207

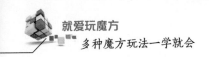
（续）

五阶魔方盲拧三循环法棱块公式			
编码	公式	编码	公式
GE	U R U' R U R U R U' R' U' R2 U'	GF	Rw' U' R U M' U' R' U R
HC	U Lw' U' L U M U' L' U L U'	HD	M U' M' U2 M U' M'
HE	U M U' M' U2 M U' M' U'	HF	R U R' U' M' U R U' Rw'

五阶魔方盲拧三循环法角块公式			
编码	公式	编码	公式
AJ	x L2' U R U' L2' U R' U' x'	JA	x U R U' L2' U R' U' L2' x'
AK	L2' U' R' U L2' U' R U	KA	U' R' U L2' U' R U L2'
AL	z (U2 R' F' R2 F R) 2 z'	LA	z (R' F' R2 F R U2) 2 z'
BJ	R U2 R D' R' U2 R D R2	JB	R2 D' R' U2 R D R' U2 R'
BK	y' U' R D2 R' U R D2 R' y	KB	y' R D2 R' U' R D2 R' U y
BL	y' U L' U' R' U L U' R y	LB	y' R' U L' U' R U L U' y
CJ	y' z D R' U2 R D' R' U2 R z' y	JC	y' z R' U2 R D R' U2 R D' z' y
CK	x R' U2 R D R U2 R' D' R2 x'	KC	x R2 D R U2 R' D' R U2 R x'
CL	U' R' D2 R U R' D2 R	LC	R' D2 R U' R' D2 R U
AJ	x L2' U R U' L2' U R' U' x'	JA	x U R U' L2' U R' U' L2' x'
AK	L2' U' R' U L2' U' R U	KA	U' R' U L2' U' R U L2'
AL	z (U2 R' F' R2 F R) 2 z'	LA	z (R' F' R2 F R U2) 2 z'
JC	L' U' L U l2 U' L' U L l2	CJ	L' U' L U l2 U' L' U L l2
JD	x l2 U L U' l2 U L' U' x'	DJ	x U L U' l2 U L' U' l2 x'
JG	R U R' U' l2 U R U' R' l2	GJ	l2 R U R' U' l2 U R U' R'
JH	x U' R' U l2 U' R U l2 x'	HJ	x U' R' U l2 U' R U l2 x'
MC	L' U' L U l U' L' U L l'	CM	l L' U' L U l' U' L' U L
MD	x' U L' U' l U L U' l' x	DM	x' l U L' U' l' U L U' x
MG	R U R' U' l U R U' R' l'	GM	l R U R' U' l' U R U' R'
MH	x' U' R U l U' R' U l' x	HM	x' l U' R U l' U' R' U x

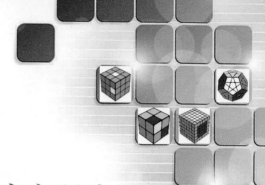

第6章　六阶魔方玩法

6.1　六阶魔方简介

六阶魔方（6×6×6 Cube）由帕纳约蒂斯·韦尔代什（Panagiotis Verdes）在1985年发明。它是六轴六面体魔方，有8个角块、96个中心块、48个棱块，共有约 1.57×10^{116} 种状态。六阶魔方速拧是世界魔方协会认证的比赛项目之一。

6.2　六阶魔方转动符号

1.　单层转动

外层顺时针转动90°：R（右，Right）、L（左，Left）、U（上，Up）、D（下，Down）、F（前，Front）、B（后，Back）。

外层逆时针转动90°：R′、L′、U′、D′、F′、B′。

外层转动180°：R2、L2、U2、D2、F2、B2。

第二层顺时针转动90°：r、l、u、d、f、b。

第二层逆时针转动90°：r′、l′、u′、d′、f′、b′。

第二层转动180°：r2、l2、u2、d2、f2、b2。

第三层顺时针转动90°：3r、3l、3u、3d、3f、3b。

第三层逆时针转动90°：3r′、3l′、3u′、3d′、3f′、3b′。

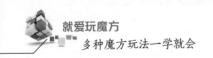
第三层转动180°：3r2、3l2、3u2、3d2、3f2、3b2。

2. 整体转动

整体顺时针转动90°：x（方向同R）、y（方向同U）、z（方向同F）。

整体逆时针转动90°：x′、y′、z′。

整体转动180°：x2、y2、z2。

3. 双层转动

外侧双层顺时针转动90°：Rw、Lw、Uw、Dw、Fw、Bw。

外侧双层逆时针转动90°：Rw′、Lw′、Uw′、Dw′、Fw′、Bw′。

外侧双层转动180°：Rw2、Lw2、Uw2、Dw2、Fw2、Bw2。

4. 多层转动

外侧n层顺时针转动90°：nR、nL、nU、nD、nF、nB。

外侧n层逆时针转动90°：nR′、nL′、nU′、nD′、nF′、nB′。

外侧n层转动180°：nR2、nL2、nU2、nD2、nF2、nB2。

六阶魔方转动说明					
R	U	F	L	D	B
r	u	f	l	d	b
3r	3u	3f	3l	3d	3b

（续）

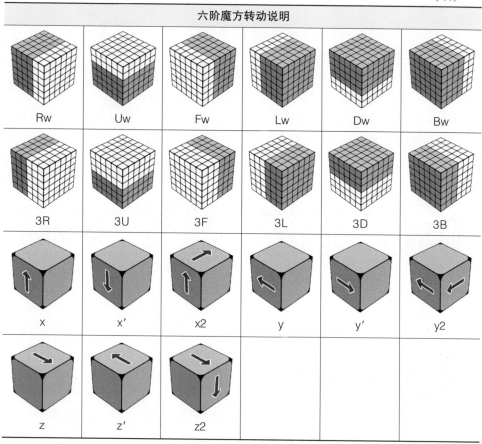

六阶魔方转动说明					
Rw	Uw	Fw	Lw	Dw	Bw
3R	3U	3F	3L	3D	3B
x	x′	x2	y	y′	y2
z	z′	z2			

6.3 六阶魔方降阶法（Reduction Method）

六阶魔方降阶法还原步骤

❶ 还原中心块	❷ 合并棱块	❸ 还原三阶魔方

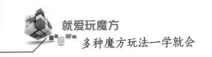
1. 还原中心块

这一步将要还原全部中心块。每组包括 16 个中心块，通常按照底面、顶面、侧面的顺序依次还原每个面的中心块。六阶魔方的中心块位置不固定，可以移动和交换，还原时中心块的位置也需要与魔方的原始配色相同，通常为上白、下黄、前绿、后蓝、左橙、右红，也可以通过角块上的颜色来判断它们的相对位置。

六阶魔方的中心块通常采用按列分组的方式进行还原，将 4×4 中心块分为 4 组 1×4 中心块，还原 1 组 1×4 中心块后再移至正确的面上。

六阶魔方降阶法中心块公式			
Rw U2 Rw'	3r U2 3r'	3R U2 3R'	Rw U2 Rw' 3r U2 3r'
3R U 3R'	3r U 3r'	Rw U' 3r U2 3R'	3R U' 3R'
Rw U Rw' U 3R U2 3R'	Rw U' Rw' U 3R U2 3R'	3R U' 3R' U Rw U 3r U2 3R'	Rw U Rw'
Rw U Rw' U Rw U2 Rw'	3r U' Rw U 3r' U' Rw'	Rw U' Rw' U' Rw U2 Rw'	3R U' Rw' U' Rw U2 3R'

2. 合并棱块

这一步将要合并全部的棱块，将六阶魔方转化为三阶魔方。六阶魔方剩余最后 1 组棱块时可能出现交换两个边棱块的 Parity 状态，需要使用 Parity 翻棱公式。

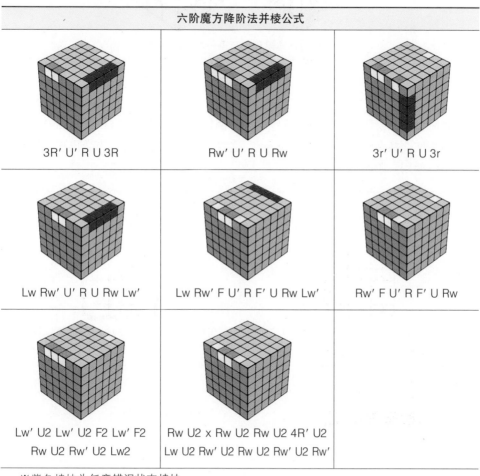

六阶魔方降阶法并棱公式		
3R' U' R U 3R	Rw' U' R U Rw	3r' U' R U 3r
Lw Rw' U' R U Rw Lw'	Lw Rw' F U' R F' U Rw Lw'	Rw' F U' R F' U Rw
Lw' U2 Lw' U2 F2 Lw' F2 Rw U2 Rw' U2 Lw2	Rw U2 x Rw U2 Rw U2 4R' U2 Lw U2 Rw' U2 Rw U2 Rw' U2 Rw'	

※紫色棱块为任意错误状态棱块

3. 还原三阶魔方

还原中心块和合并棱块后，六阶魔方可以视为三阶魔方进行还原，此时六阶魔方的外层相当于三阶魔方的外层，六阶魔方中间四层相当于三阶魔方的中层。

六阶魔方降阶图示

 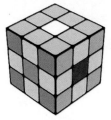

降阶后的六阶魔方与等价的三阶魔方

4. 解决特殊状态

降阶后的六阶魔方可能出现特殊状态，例如翻转一组棱块（OLL Parity）、交换两个角块或交换两组棱块（PLL Parity），这些状态在三阶魔方中不会出现，调整后才能继续使用三阶魔方方法进行还原。

六阶魔方 Parity 公式

OLL Parity	PLL Parity
3RU2 3R′ U2 3R U2 3R U2 3L′ U2 3R U2 3R′ U2 x′ U2 3R2	3R2 R2 U2 3R2 R2 Uw2 3R2 R2 Uw2

6.4 六阶魔方 84 法

六阶魔方 84 法还原步骤

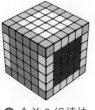			
❶ 还原中心块	❷ 合并 8 组棱块	❸ 合并剩余棱块	❹ 还原三阶魔方

1. 还原中心块

此步骤中的公式与 6.3 "六阶魔方降阶法" 中 "还原中心块" 的公式相同，读者可参阅，此处不再列出。

2. 合并 8 组棱块

这一步将要利用中层合并 8 组棱块。观察相同颜色的棱块位置，将它们移至 UF 和 UB 位置进行并棱。已合并的棱块需要移至 L 层或 R 层，直到合并完 8 组棱块。并棱时中层可能处于错层状态，并棱前后需要保持中心块的方向不变，8 组棱块完成后最多通过三步转动即可复原错层状态的中心块。

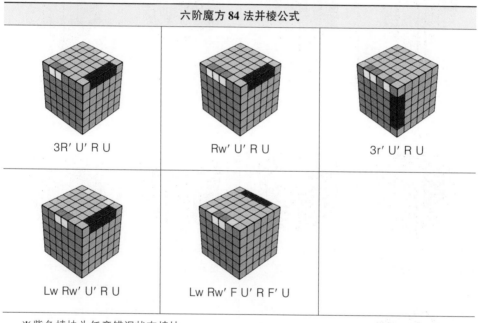

六阶魔方 84 法并棱公式

3R′ U′ R U　　Rw′ U′ R U　　3r′ U′ R U

Lw Rw′ U′ R U　　Lw Rw′ F U′ R F′ U

※ 紫色棱块为任意错误状态棱块

3. 合并剩余棱块

这一步将要合并剩余的 4 组棱块，将六阶魔方转化为三阶魔方。剩余的 4 组棱块将处于 UF、UB、DF、DB 位置，使用并棱公式进行并棱。六阶魔方剩余最后 1 组棱块时可能出现交换两个边棱块的 Parity 状态，需要使用 Parity 翻棱公式。

六阶魔方 84 法并棱公式

3R' U' R U 3R	Rw' U' R U Rw	3r' U' R U 3r	Lw Rw' U' R U Rw Lw'

Lw Rw' F U' R F' U Rw Lw'	Rw U2 x Rw U2 Rw U2 4R' U2 Lw U2 Rw' U2 Rw U2 Rw' U2 Rw'	3L F U' R F' U 3L'	Rw' F U' R F' U Rw

B2 4L2 F U' R F' U Rw2	B2 Lw2 F U' R F' U Lw2	F2 Rw D2 Rw' F2 U2 F2 Lw B2 Lw'	Rw2 B2 Rw' U2 Rw' U2 x' U2 Rw' U2 Rw U2 Rw' U2 Rw2

Lw Rw' F U' R F' U Rw Lw'	Rw2 B2 U2 Rw2 U2 B2 Rw2	Lw2 F2 U2 Lw' U2 Lw2 F2 Lw' U2 Lw2 U2 F2 Lw'	Rw' U2 Rw' U2 B2 Rw' B2 Rw' F2 Lw2 F2 Rw U2 Rw2

（续）

六阶魔方 84 法并棱公式			

Lw' U2 Lw' U2 F2 Lw' F2 Rw U2 Rw' U2 Lw2	Rw2 F2 U2 Lw' U2 Lw2 F2 Lw' U2 Rw2 U2 F2 Rw	Rw U2 Rw2 U2 Rw' U2 Rw U2 Rw' U2 Rw2 U2 Rw	Rw' U2 Rw2 U2 Rw U2 Rw' U2 Rw U2 Rw2 U2 Rw'

※紫色棱块为任意错误状态棱块

4. 还原三阶魔方

还原中心块和合并棱块后，六阶魔方可以视为三阶魔方进行还原。

5. 解决特殊状态

降阶后的六阶魔方可能出现特殊状态，例如翻转一组棱块（OLL Parity）、交换两个角块或交换两组棱块（PLL Parity），这些状态在三阶魔方中不会出现，调整后才能继续使用三阶魔方的方法进行还原。

六阶魔方 Parity 公式	
OLL Parity	PLL Parity
	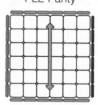
3RU2 3R' U2 3R U2 3R U2 3L' U2 3R U2 3R' U2 x' U2 3R2	3R2 R2 U2 3R2 R2 Uw2 3R2 R2 Uw2

第7章 七阶魔方玩法

7.1 七阶魔方简介

　　七阶魔方（7×7×7 Cube）由帕纳约蒂斯·韦尔代什（Panagiotis Verdes）在 1985 年发明。它是六轴六面体魔方，有 8 个角块、144 个可移动的中心块、6 个与轴相连的中心块、60 个棱块，共有约 1.95×10^{160} 种状态。七阶魔方速拧是世界魔方协会认证的比赛项目之一。

7.2 七阶魔方转动符号

1. 单层转动

　　外层顺时针转动 90°：R（右，Right）、L（左，Left）、U（上，Up）、D（下，Down）、F（前，Front）、B（后，Back）。

　　外层逆时针转动 90°：R′、L′、U′、D′、F′、B′。

　　外层转动 180°：R2、L2、U2、D2、F2、B2。

　　第二层顺时针转动 90°：r、l、u、d、f、b。

　　第二层逆时针转动 90°：r′、l′、u′、d′、f′、b′。

　　第二层转动 180°：r2、l2、u2、d2、f2、b2。

　　第三层顺时针转动 90°：3r、3l、3u、3d、3f、3b。

第三层逆时针转动 90°：3r′、3l′、3u′、3d′、3f′、3b′。

第三层转动 180°：3r2、3l2、3u2、3d2、3f2、3b2。

2. 整体转动

整体顺时针转动 90°：x（方向同 R）、y（方向同 U）、z（方向同 F）。

整体逆时针转动 90°：x′、y′、z′。

整体转动 180°：x2、y2、z2。

3. 双层转动

外侧双层顺时针转动 90°：Rw、Lw、Uw、Dw、Fw、Bw。

外侧双层逆时针转动 90°：Rw′、Lw′、Uw′、Dw′、Fw′、Bw′。

外侧双层转动 180°：Rw2、Lw2、Uw2、Dw2、Fw2、Bw2。

4. 多层转动

外侧 n 层顺时针转动 90°：nR、nL、nU、nD、nF、nB。

外侧 n 层逆时针转动 90°：nR′、nL′、nU′、nD′、nF′、nB′。

外侧 n 层转动 180°：nR2、nL2、nU2、nD2、nF2、nB2。

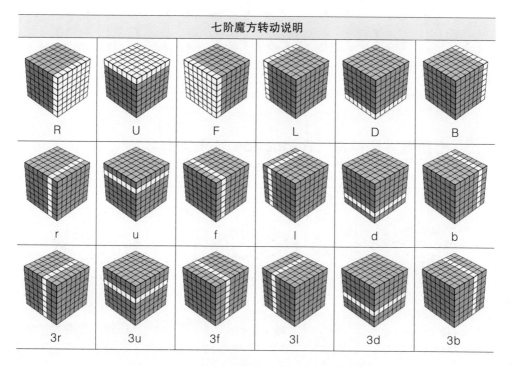

七阶魔方转动说明

R	U	F	L	D	B
r	u	f	l	d	b
3r	3u	3f	3l	3d	3b

（续）

七阶魔方转动说明					
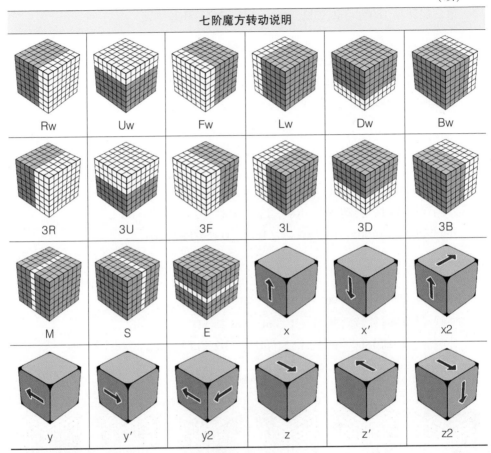					
Rw	Uw	Fw	Lw	Dw	Bw
3R	3U	3F	3L	3D	3B
M	S	E	x	x′	x2
y	y′	y2	z	z′	z2

7.3 七阶魔方降阶法（Reduction Method）

七阶魔方降阶法还原步骤		
❶ 还原中心块	❷ 合并棱块	❸ 还原三阶魔方

1. 还原中心块

这一步将要还原全部中心块。每组包括 25 个中心块，通常按照底面、顶面、侧面的顺序依次还原每个面的中心块。

七阶魔方的中心块通常采用按列分组的方式进行还原，将 5 × 5 中心块分为 5 组 1 × 5 中心块，还原 1 组 1 × 5 中心块后再移至正确的面上。

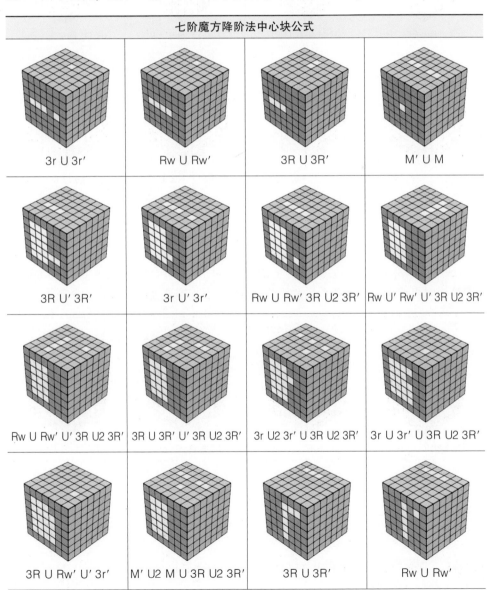

七阶魔方降阶法中心块公式			
3r U 3r'	Rw U Rw'	3R U 3R'	M' U M
3R U' 3R'	3r U' 3r'	Rw U Rw' 3R U2 3R'	Rw U' Rw' U' 3R U2 3R'
Rw U Rw' U' 3R U2 3R'	3R U 3R' U' 3R U2 3R'	3r U2 3r' U 3R U2 3R'	3r U 3r' U 3R U2 3R'
3R U Rw' U' 3r'	M' U2 M U 3R U2 3R'	3R U 3R'	Rw U Rw'

221

（续）

七阶魔方降阶法中心块公式			

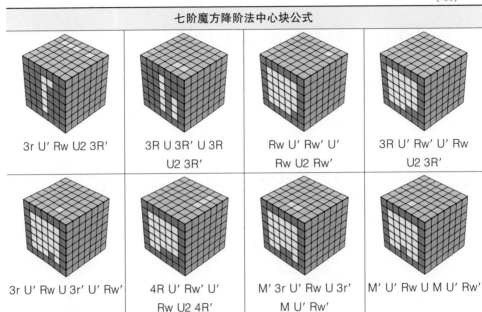

3r U' Rw U2 3R'	3R U 3R' U 3R U2 3R'	Rw U' Rw' U' Rw U2 Rw'	3R U' Rw' U' Rw U2 3R'
3r U' Rw U 3r' U' Rw'	4R U' Rw' U' Rw U2 4R'	M' 3r U' Rw U 3r' M U' Rw'	M' U' Rw U M U' Rw'

2. 合并棱块

这一步将要合并全部的棱块，将七阶魔方转化为三阶魔方。七阶魔方剩余最后1组棱块时可能出现交换两个边棱块的 Parity 状态，需要使用 Parity 翻棱公式。

七阶魔方降阶法并棱公式			

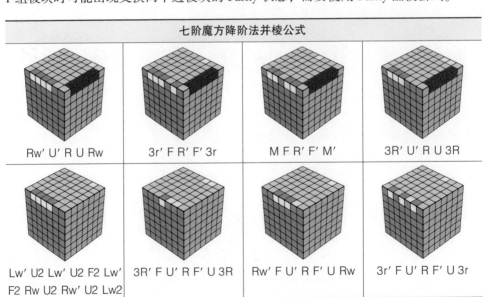

Rw' U' R U Rw	3r' F R' F' 3r	M F R' F' M'	3R' U' R U 3R
Lw' U2 Lw' U2 F2 Lw' F2 Rw U2 Rw' U2 Lw2	3R' F U' R F' U 3R	Rw' F U' R F' U Rw	3r' F U' R F' U 3r

（续）

七阶魔方降阶法并棱公式

3L′ U2 3L′ U2 F2 3L′ F2 3R U2 3R′ U2 3L2	3R2 F2 U2 3R2 U2 F2 3R2	Rw2 F2 U2 Rw2 U2 F2 Rw2	M F U′ R F′ U M′
	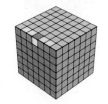	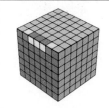	
Lw Rw′ F U′ R F′ U Rw Lw′	3R U2 x 3R U2 3R U2 4R′ U2 3L U2 3R′ U2 3R U2 3R′ U2 3R′	Rw U2 x Rw U2 Rw U2 5R′ U2 Lw U2 Rw′ U2 Rw U2 Rw′ U2 Rw′	3r2 B2 U2 3l U2 3r′ U2 3r U2 F2 3r F2 3l′ B2 3r2

※紫色棱块为任意错误状态棱块

---

3. 还原三阶魔方

还原中心块和合并棱块后，七阶魔方可以视为三阶魔方进行还原，此时七阶魔方的外层相当于三阶魔方的外层，七阶魔方中间五层相当于三阶魔方的中层。

七阶魔方降阶图示

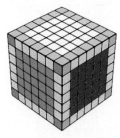 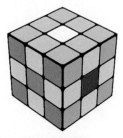

降阶后的七阶魔方与等价的三阶魔方

就爱玩魔方
多种魔方玩法一学就会

7.4 七阶魔方 84 法

七阶魔方 84 法还原步骤			
 ❶ 还原中心块	 ❷ 合并 8 组棱块	 ❸ 合并剩余棱块	 ❹ 还原三阶魔方

1. 还原中心块

此步骤与 7.3 "七阶魔方降阶法"中 "还原中心块"的公式相同，此处不再列出。

2. 合并 8 组棱块

这一步将要利用中层合并 8 组棱块。观察相同颜色的棱块位置，将它们移至 UF 和 UB 位置进行并棱。已合并的棱块需要移至 L 层或 R 层，直到合并完 8 组棱块。并棱时中层可能处于错层状态，并棱前后需要保持中心块的方向不变，8 组棱块完成后最多通过四步转动即可复原错层状态的中心块。

七阶魔方 84 法并棱公式			
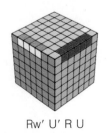 Rw' U' R U	 3r' F R' F'	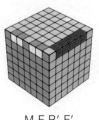 M F R' F'	 3R' U' R U

224

（续）

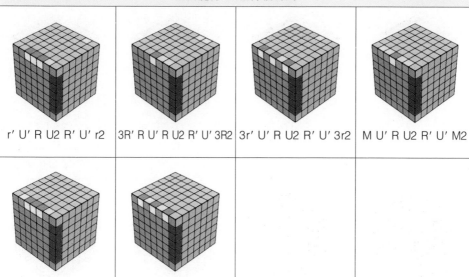

七阶魔方 84 法并棱公式			
r' U' R U2 R' U' r2	3R' R U' R U2 R' U' 3R2	3r' U' R U2 R' U' 3r2	M U' R U2 R' U' M2
Lw r' U' R U2 R' U' r2 Lw2	3l 3r' U' R U2 R' U' 3r2 3l2		

※紫色棱块为任意错误状态棱块

3. 合并剩余棱块

　　这一步将要合并剩余的 4 组棱块，将七阶魔方转化为三阶魔方。剩余的 4 组棱块将处于 UF、UB、DF、DB 位置，使用并棱公式进行并棱。七阶魔方剩余最后 1 组棱块时可能出现交换两个边棱块的 Parity 状态，需要使用 Parity 翻棱公式。

七阶魔方 84 法并棱公式			
4L F U' R F' U 4L'	3R' F U' R F' U 3R	B2 4L2 F U' R F' U 3R2	B2 3L2 F U' R F' U 3L2

（续）

七阶魔方 84 法并棱公式

			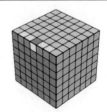
M F U' R F' U M'	3R2 F2 U2 3R2 U2 F2 3R2	F2 3R D2 3R' F2 U2 F2 3L B2 3L'	3R U2 x 3R U2 3R U2 4R' U2 3L U2 3R' U2 3R U2 3R' U2 3R'

3R2 B2 3R' U2 3R' U2 x' U2 3R' U2 3R U2 3R' U2 3R2	3R' U2 3R' U2 B2 3R' B2 3R' F2 3L2 F2 3R U2 3R2	3L' U2 3L' U2 F2 3L' F2 3R U2 3R' U2 3L2	3R U2 3R2 U2 3R' U2 3R U2 3R' U2 3R2 U2 3R

3R' U2 R2 U2 3R U2 3R' U2 3R U2 3R2 U2 3R'	3L2 F2 U2 3L' U2 3L2 F2 3L' U2 3L2 U2 F2 3L'	3R2 F2 U2 3L' U2 3L2 F2 3L' U2 3R2 U2 F2 3R	5L F U' R F' U 5L'

Rw' F U' R F' U Rw	B2 5L2 F U' R F' U Rw2	B2 Lw2 F U' R F' U Lw2	M F U' R F' U M'

（续）

七阶魔方 84 法并棱公式			

Rw2 B2 Rw' U2 Rw'
U2 x' U2 Rw' U2
Rw U2 Rw' U2 Rw2

Rw2 F2 U2 Rw2
U2 F2 Rw2

F2 Rw D2 Rw' F2
U2 F2 Lw B2 Lw'

Rw U2 x Rw U2 Rw U2
5R' U2 Lw U2 Rw'
U2 Rw U2 Rw' U2 Rw'

Rw' U2 Rw' U2 B2 Rw'
B2 Rw' F2 Lw2 F2 Rw
U2 Rw2

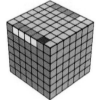

Lw' U2 Lw' U2 F2
Lw' F2 Rw U2 Rw'
U2 Lw2

Rw U2 Rw2 U2 Rw'
U2 Rw U2 Rw' U2
Rw2 U2 Rw

Rw' U2 Rw2 U2
Rw U2 Rw' U2
Rw U2 Rw2 U2 Rw'

Lw2 F2 U2 Lw' U2
Lw2 F2 Lw' U2 Lw2
U2 F2 Lw'

Rw2 F2 U2 Lw' U2
Lw2 F2 Lw' U2 Rw2
U2 F2 Rw

3r' F U' R F' U 3r

Rw 4R' F U' R
F' U 4R Rw'

M r' F U' R
F' U r M'

r' 3l F U' R
F' U r 3l'

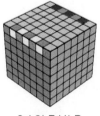

3r' 3l F U' R
F' U 3r 3l'

Rw2 F2 U2 Rw2
U2 F2 Rw2

（续）

七阶魔方 84 法并棱公式			
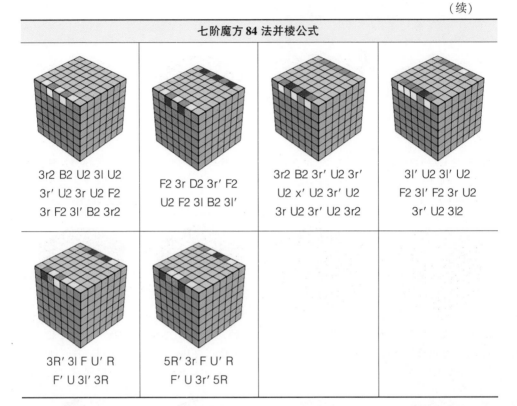			
3r2 B2 U2 3l U2 3r' U2 3r U2 F2 3r F2 3l' B2 3r2	F2 3r D2 3r' F2 U2 F2 3l B2 3l'	3r2 B2 3r' U2 3r' U2 x' U2 3r' U2 3r U2 3r' U2 3r2	3l' U2 3l' U2 F2 3l' F2 3r U2 3r' U2 3l2
3R' 3l F U' R F' U 3l' 3R	5R' 3r F U' R F' U 3r' 5R		

4. 还原三阶魔方

还原中心块和合并棱块后，七阶魔方可以视为三阶魔方进行还原。

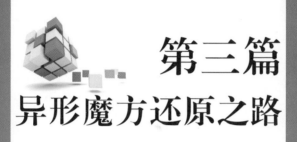

第三篇
异形魔方还原之路

　　异形魔方形状各异，虽然与正阶魔方差别很大，但综合难度多数与三阶魔方相当。还原异形魔方同样会使用一些在三阶魔方上使用的技巧，每种异形魔方都能带给我们独有的还原乐趣。

就爱玩魔方
多种魔方玩法一学就会

第 8 章　斜转魔方玩法

斜转魔方简介

　　斜转魔方（Skewb）由托尼·达勒姆（Tony Durham）在 1985 年发明。它是四轴六面体魔方，有 4 个与轴相连的角块、4 个可移动角块和 6 个中心块，每次转动将移动 4 个角块和 3 个中心块。斜转魔方共有 3149280 种状态，任意一种状态都可以通过不超过 11 次的转动来复原。斜转魔方速拧是世界魔方协会认证的比赛项目之一。

斜转魔方转动符号

1.　角转动

　　转动 UFR 角：F（顺时针转动 120°）、F′（逆时针转动 120°）。
　　转动 UBR 角：R、R′。
　　转动 UBL 角：U、U′。
　　转动 UFL 角：L、L′。
　　转动 DBR 角：S、S′。
　　转动 DFL 角：P、P′。

2.　整体转动

　　整体顺时针转动 90°：x（以 LR 面连线为轴）、y（以 UD 面连线为轴）、z（以 FB 面连线为轴）。

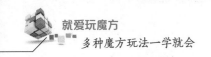
整体逆时针转动 90°：x′、y′、z′。

整体转动 180°：x2、y2、z2。

斜转魔方转动说明					
R	R′	U	U′	F	F′
L	L′	S	S′	P	P′
x	x′	x2	y	y′	y2
z	z′	z2			

8.3 斜转魔方层先法

斜转魔方层先法还原步骤		
❶ 还原底层	❷ 还原顶层角块	❸ 还原中心块

1.　还原底层

　　这一步将要还原底层的 4 个角块和中心块。斜转魔方的中心块位置不固定，可以使用任意方向进行还原。

斜转魔方层先法底层还原步骤			
(1) 选择一个中心块与角块颜色相同的面作为底面，选定的角块视为已还原状态。在中心块与每个角块颜色都不相同的情况，可以通过 1 步转动来调整至目标状态			
(2) 还原 DFL 角块和 DBR 角块。将已还原的角块放置在 DBL 位置，此时 DFL 角块和 DBR 角块只会出现在 4 个位置：DFL、DBR、UFR、UBR			
❶ 通过最多 1 步转动，将黄色角块移至 UFR 位置	 L 或 R′	 R	 L′	 目标状态
❷ 将 UFR 位置的角块移至正确位置	移至 DFL	 L	 F′ L	 F L

（续）

斜转魔方层先法底层还原步骤			

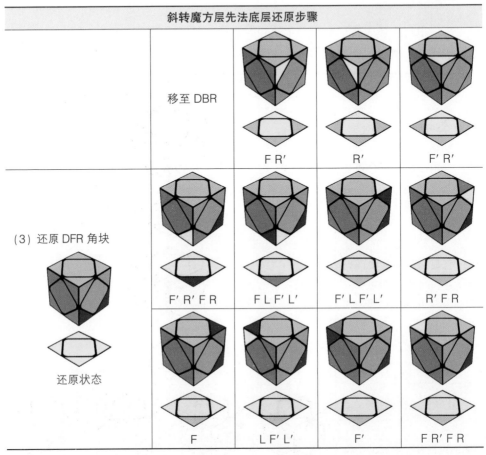

斜转魔方层先法底层还原步骤

移至 DBR

F R'　　　R'　　　F' R'

(3) 还原 DFR 角块

还原状态

F' R' F R　　　F L F' L'　　　F' L F' L'　　　R' F R

F　　　L F' L'　　　F'　　　F R' F R

2. 还原顶层角块

这一步将要调整顶层 4 个角块的方向，可以通过观察顶层角块上顶面的颜色来判断。

斜转魔方层先法顶层角块公式	
U' R U R'	U' R U R y' R U R'

3. 还原中心块

这一步将要还原剩余的 5 个中心块，通常先还原顶面中心块，再还原侧面中心块。

斜转魔方层先法中心块公式	
F→U→B  U′ R U R′ x R′ U R U′	F↔B, L↔R  z (U′ R) 2 x (R U′) 2

8.4　斜转魔方二步法

斜转魔方二步法还原步骤	
 ❶ 还原底层	 ❷ 还原中心块和顶层角块

1. 还原底层

这一步将要还原底层的 4 个角块和中心块。斜转魔方的中心块位置不固定，可以使用任意方向进行还原。

选择一个中心块与角块颜色相同的面作为底面，剩余 3 个底面角块通常分成两组来完成。

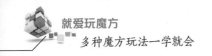
斜转魔方二步法底层公式

R′F′RF	F′R′FR	LF′L′	FR′FR
F′	F′LF′L′	F	R′FR
x U′RUR′	x RU′RUR	x R′U′RUR′	x U′RUR
x RU′RU	x U′RU	x RU′RUR′	x R′U′RUR
x R′UR′UR′	x RU′R′U	x RU′R′UR′	x U′R′U

（续）

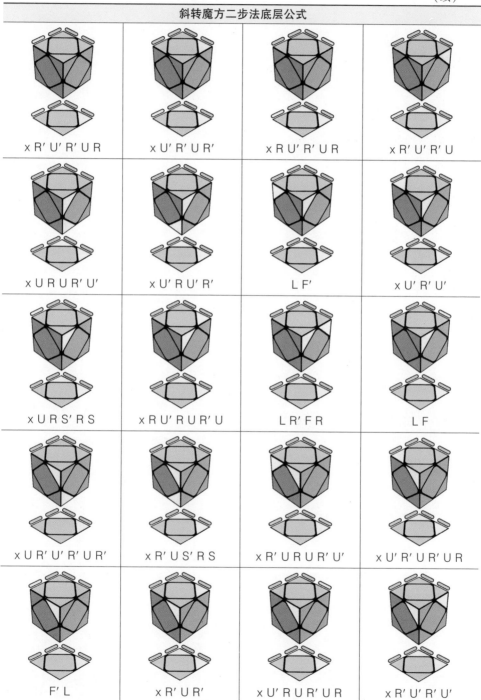

x R' U' R' U R	x U' R' U R'	x R U' R' U R	x R' U' R' U
x U R U R' U'	x U' R U' R'	L F'	x U' R' U'
x U R S' R S	x R U' R U R' U	L R' F R	L F
x U R' U' R' U R'	x R' U S' R S	x R' U R U R' U'	x U' R' U R' U R
F' L	x R' U R'	x U' R U R' U R	x R' U' R' U'

（续）

斜转魔方二步法底层公式

x R U R'	x R U' R' U'	x R' U' R U R' U	x R' U R U R' U
x R U R	F L	x U R U' R U R'	x U R' U' R U R
x R U R' U	x U' R U' R' U	x U R' U	x U' R' U' R' U R
x R' U R' U R	x R U R' U R	x R' U R' U	x U' R' U' R' U
x R U R U R	x U R U R' U' U'	x U R U R	x U' R U' R U

（续）

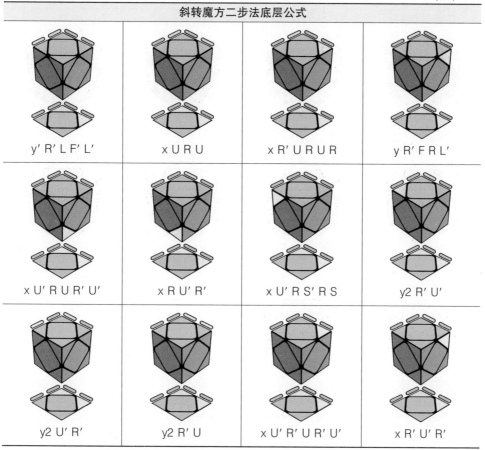

斜转魔方二步法底层公式			
y′ R′ L F′ L′	x U R U	x R′ U R U R	y R′ F R L′
x U′ R U R U′	x R U′ R′	x U′ R S′ R S	y2 R′ U′
y2 U′ R′	y2 R′ U	x U′ R′ U R U′	x R′ U′ R′

2. 还原中心块和顶层角块

这一步将要还原顶层的 4 个角块和 5 个中心块，共有 134 种状态。

斜转魔方二步法中心块公式			

U′ R U R′ x R′ U R U′	z (U′ R) 2 x (R U′) 2	S U′ R U R′ x R′ U R U	R U′ R U R′ x R′ U R U′ S′

（续）

斜转魔方二步法中心块公式

| S' R U R' F' R' U' R S' | x' U R' F' R' U' R S R | x' U R' F' R' U' R S R | x2 S R U R' F' R' U' R |

| U' R y U' R U R' U R y' R' L R | y2 F U' R U R' U R y' R' L R U' | U' R U R' U R y' R' L R U' R | y' R' U' R U R' U R y' R' L R U' R U |

| R U' R' y' R' L U' R U L R' | U R U' R U R' y U R' U y' R S' |

斜转魔方二步法顶层角块公式

| y2 (U' R U R') 2 | y L R' y U' R U R' L R' | F U' R U' R' U F U' | R' L R U' R' U R' L |

| R' L x R' U R U' S' U | y R U' R y U' R' U y' R U' | U' R U R' F' U' R U R' x R' U R U' R | y U' R U' y' R U R' y U' R |

（续）

斜转魔方二步法顶层角块公式			

y U' R U R y' R U R y' R U R'	y' U R' U' R' U y U' R U F' R	y' R' U R U R' y R U' R' S R'	L R U R' y U R U R
R U' R' U x R' U R U'	R' y R' U F' U' R U'	x U R' U' y' R U R' x R' U R U'	x z S U R U' S' U R' U'

x U R' U' R	y' U R' U' R' y U' R U R F'	L U' R U R' U' R' U' L U' R'	x z2 S U R' U' R x' R U' R U

x z U' R U' S' U R' S R S R'	x S R' S' U R' U' S R S' R	x U R' U R x' R U' R' U S	R U R F' R' U R F'

U y R U' R' x R' U' U R F	y' R' U R' L' R U S'	y' U R' U F U' R F	U' R' U L R L R' x R' U' R

（续）

斜转魔方二步法顶层角块公式

U R U′ R U R′ U′ R U′ R U	U R U R F R′ U R′ U′ F′ U	L′ U′ R U′ L′ U R U	F R U′ R′ U x U R U′ R
F′ R′ U R F′ U′ R′ U′	R′ U′ R′ L′ U′ R U′ L′	U′ R U′ x U R′ U′ R x′ R U′ R	y2 F R U′ R F R′ U′ R′
F U′ R U R′ U′ y L R U′ R U	U R U R′ F R U′ R F R	x z2 S R′ S R′ U′ R′ S U′ S′	R U′ R′ L′ R′ U′ R U′ L R
U′ R′ U′ R U R′ U R′ U R′ U′	P′ U R U R′ S′ R S R U R′	S′ y′ S P S P′ S F′ S′	U′ R U′ L U′ R′ S′ U′ R
U R y U′ R U R U′ R′ U F′ R	x R′ S R S′ R′ S R′ S′ U R′ U′	U′ R′ U R′ x R′ U R U′ S′	y z′ U R′ S′ R′ U R′ U R

（续）

斜转魔方二步法顶层角块公式			

xR′U R U′x′ R U′R′U	xz S R U′S U R′U	U′R U′y U′ R′U S U′S′	y F′U′R′U F U R U
F R F′U F R′F′U′	U′R U R′	xz U R′U′R′ S U R U′S′R	U′R U R′zU′R U R′xR′U R U′
x′z R U R′U R′F′R′U	U′x R′U R U′ x′U′R U′R′	z′x2 S U R′S U′R U′R	U′R U′R′x R′U R U′F′
L′R′U R F′ U R S′R′F	x U R′S′R S R U R′U	x z2 U′R U′R′S′ R′S R U′	R′U R L R′ U′R L′
U R′L U R U′R U′L	x U R U S′U′ R′U S U	y′F′U R′ U′F U R U′	x S U′R′U′R S′U′S′U

（续）

斜转魔方二步法顶层角块公式			

L U' R U R L' R' L R	U' R U' F' U R U' F U' R	x z R S' R U R' S' R U' R U'	x R' U R S R' U' R S' U' S
L R' U R L R' U' R L	U R L R' U' R L' R'	y2 L F L' F' R' F' R F	x R U' S' R U S U R S'
U' R U' R y U' R' U y' R' U R' U'	x U R' S U R' S' U' S' R'	y2 x R' S' R' S U R U' R	y R U' R' U y' U' R U R'

U' S U S' R U' R' F	R U' R U y' U R U R' U'	y' U' R U R' y U' R U R'	z' F R' U R U' z U R' U R
x z S' U S R' U R S' U	y2 R' F' R F L F L' F'	x z U' R S' R' S R' U' R U'	U' F R F U' R' U R' U R

（续）

斜转魔方二步法顶层角块公式			

R U R' y R U' R U R' U' R U	y R' U' R U' R U' y' R U R' S	x z2 R U R U' S' R' S R'	U' R U R' y R U' R' U
U' x U R U' R' U R U' F' S	R' U' R U R y' R U R' U	y2 R U R' U y' R U' R' U	x z R' U' R U' R S' R' S U'
R L R' U R L R' U'	x z S R U S U' R' S' U'	F' R' F R F L F' L'	y' R U' R' U y U' R U R' y' R U R' U

y' R U R' U y' R U' R' U y R U R' U'	y R U' R' U y (U' R U R') 2	x S R S R' U R' U' R S	U' R U R y' R U R'

U L R U R' y U' R	x z' R S' R U R U' R S' R' S'	y2 R U R' U y U' R U R'	x R' U' R U' S' R S R

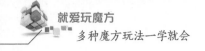
（续）

斜转魔方二步法顶层角块公式			
U' R U R' U y' R U R' y U R U R	F L F' L' F' R' F R	U' R U R' L R' y U' R U R' U F'	y2 U' R U R' y U' R U R y' R U R'
y2 U' R U R' y' R U' R' U y U' R U R'	U' R U R' y (U' R U R') 2	x z' U R U' S' R S R	x z' U R' U' R S' R S R U' R
x z2 S' R' U R U' R S' R' S'	y R U' R' U y R U' R' U	x R S' R S U R' U' R'	y' U' R U R' y' R U' R' U

246

第9章 金字塔魔方玩法

9.1 金字塔魔方简介

金字塔魔方（Pyraminx）由乌维·梅菲特（Uwe Mèffert）在 1981 年发明。它是四轴四面体魔方，有 4 个与轴相连的角块、6 个棱块、4 个与轴相连的中心块，共有 933120 种状态，任意一种状态都可以通过不超过 11 次的转动来复原。金字塔魔方速拧是世界魔方协会认证的比赛项目之一。

9.2 金字塔魔方转动符号

1. 小角转动

顺时针转动 120°：l、r、u、b。
逆时针转动 120°：l′、r′、u′、b′。

2. 大角转动

顺时针转动 120°：L、R、U、B。
逆时针转动 120°：L′、R′、U′、B′。

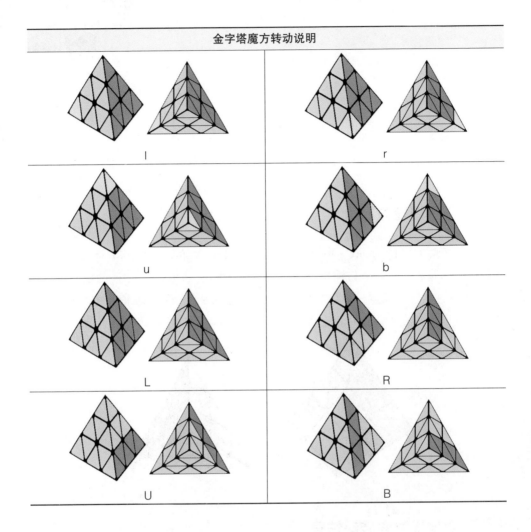

金字塔魔方转动说明	
l	r
u	b
L	R
U	B

金字塔魔方角先法

金字塔魔方角先法还原步骤		
❶ 还原两个棱块和一个小角	❷ 还原底层中心块和小角	❸ 还原剩余四个棱块

1. 还原两个棱块和一个小角

　　这一步将要还原同一个大角上的任意两个棱块和一个小角，调整小角的操作通常放在还原棱块之前进行。

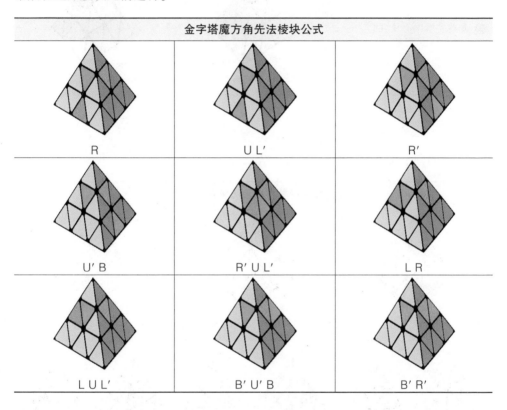

金字塔魔方角先法棱块公式		
R	U L′	R′
U′ B	R′ U L′	L R
L U L′	B′ U′ B	B′ R′

2. 还原底层中心块和小角

　　这一步将要调整底层三个中心块的方向，利用顶层大角未还原棱块的空位可以只通过 1 步转动来调整底层中心块，同时调整好小角。

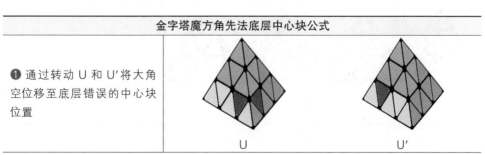

金字塔魔方角先法底层中心块公式		
❶ 通过转动 U 和 U′ 将大角空位移至底层错误的中心块位置	U	U′

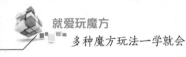

（续）

金字塔魔方角先法底层中心块公式		
❷ 调整底层中心块方向	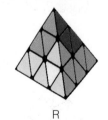 R	 R′

3. 还原剩余四个棱块

剩余的四个棱块分两步进行还原：先还原大角；再还原底层三个棱块。

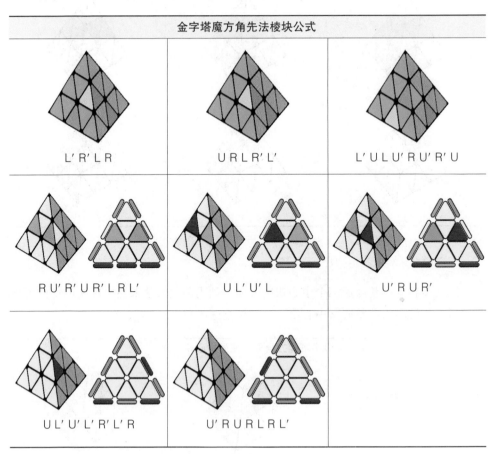

金字塔魔方角先法棱块公式

L′R′LR　　URLR′L′　　L′ULU′RU′R′U

RU′R′UR′LRL′　　UL′U′L　　U′RUR′

UL′U′L′R′L′R　　U′RURLRL′

9.4　金字塔魔方 Oka 法

金字塔魔方 Oka 法还原步骤		

❶ 构造两个棱块和一个小角	❷ 还原底层中心块和小角	❸ 还原剩余四个棱块

1. 构造两个棱块和一个小角

　　这一步将要构造同一个大角上的两个棱块，其中一个棱块的位置和方向均正确，另外一个棱块的位置和方向均错误，调整小角的操作通常放在构造棱块之前进行。具体的棱块公式与 9.3 "金字塔魔方角先法棱块公式"相同，读者可参阅。

金字塔魔方 Oka 法棱块构造图示		

构造正确	构造错误 （蓝绿棱块位置正确）	构造错误 （蓝红棱块方向正确）

2. 还原底层中心块和小角

　　这一步将要调整底层三个中心块的方向，利用顶层大角未还原棱块的空位可以只通过 1 步转动来调整底层中心块，同时调整好小角。

金字塔魔方 Oka 法底层中心块公式		
❶通过转动 U 和 U′将大角空位移至底层错误的中心块位置	U	U′
❷调整底层中心块方向	R	R′

3. 还原剩余四个棱块

剩余的四个棱块分为两步进行还原，利用之前构造的棱块还原大角，再还原底层三个棱块。

金字塔魔方 Oka 法棱块公式

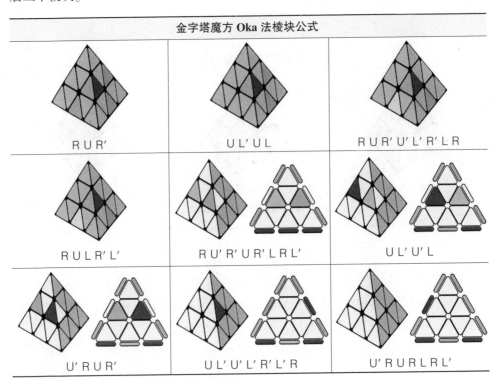

R U R′	U L′ U L	R U R′ U′ L′ R′ L R
R U L R′ L′	R U′ R′ U R′ L R L′	U L′ U′ L
U′ R U R′	U L′ U′ L′ R′ L′ R	U′ R U R L R L′

9.5 金字塔魔方层先法

金字塔魔方层先法还原步骤	

❶ 还原底层中心块和两个棱块	❷ 还原剩余四个棱块 （L4E）

1. 还原底层中心块和两个棱块

这一步将要调整好底层三个中心块的方向，然后还原底层的任意两个棱块。

金字塔魔方层先法底层公式				
调整底层中心块				
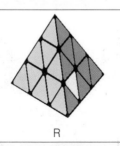			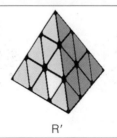	
R			R′	
还原底层棱块				
		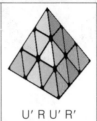	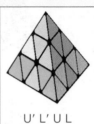	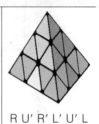
R U′ R′	L′ U L	U′ R U′ R′	U L′ U L	R U′ R′ L′ U′ L

2. 还原剩余四个棱块（L4E）

将未还原的底层棱块放在 F 面，使用 L4E 公式还原剩余四个棱块。

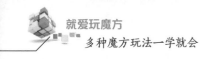

金字塔魔方层先法 L4E 公式

还原状态	R U′ R′ U′ R U R′	R U R′ U R U′ R′	L R′ L′ R U′ R U R′
R′ U L′ U L U′ R U′	L U′ R U′ R′ U L′ U	L U R U′ R′ L′	R′ L′ U′ L U R
B′ R′ U′ R U B	L R U R′ U′ L′	R′ U′ L′ U L R	B′ U′ R′ U R B
R U′ R′ U L′ U L U′	U′ R U′ R′ U L′ U L	L′ U L U′ R U′ R′ U	U L′ U L R U′ B U′ B′ R′
U′ R′ B′ R′ B′ U B′ R′	U R B U′ B R B R	R U′ R′ L′ U′ L U′	U′ R U′ R′ L′ U′ L
U R U′ R′ L′ U′ L U	U′ L′ U L R U R U′	U L′ U L R U R′	L′ U L R U R′ U

（续）

金字塔魔方层先法 L4E 公式			
U′L′B′UBL	LR′BLB′LR	U′R′LRLU′L	ULRLU′L′R′L′
UL′U′L	RUR′UL′UL	LR′L′R	UL′B′U′BU′LU
U′L′UL	L′BLB′L′	URU′R′UL′U′L	UL′UB′UBL
L′ULRU′R′	U′RUB′RBR	U′RUR′URU′R′	LRLUL′R′L′U′
RU′R′U	UL′ULU′RUR′U	ULBLB′LU′	URU′BU′B′R′U
URUR′U	U′R′LRL′U	R′B′R′B′U′B′R′U	URBUB′UR′

（续）

金字塔魔方层先法 L4E 公式			
U′R U R′	R′L R L′	L′U′L U′R U′R′	U′R B U B′U′R′U′
U R B U′B′R′	U′L R′L′R′U R′	R′L B′R′B R′L	U′R′L′R′U R L R
U R U′R′	U′L′U L U′R U R′	R B′R B R	U′R U′B U′B′R′
L′U L U′	U′R′B′R′B R U	U′R U R′U L′U′L U′	U′L′U B′U B L U′
R U′R′L′U L	U L′U′L U′L′U L	U L′U′B L′B′L′	R′L′R′U′R L R U
U′L′U L U′	L B L B U B L U′	U L R′L′R U′	U′L′B′U′B U′L

（续）

金字塔魔方层先法 L4E 公式			
U′R U′R′U′	L B L B′L	L R B′R L B L R	R U′B U′B′R′U′
R U R′U′	U L′B′U′B′L′B′L′	U R′L R L′U′	R B U B′U R′U
U R U′R L R L′	U′L R L U L′R′L′	U′L′B′U′B L U′	U R U′R′U′R U R′
L′U′L U	U′L R′L′R U	U′R B U B R B R	L′B′U′B U′L U′
U L′U L U	R′L′B L′R′B′R′L′	R′B′R′B R′	L′U B′U B L U
U′L′U L′R′L′R	U R B U B′R′U	U R′L′R′U′R L R	U′L′U L U L′U′L

第 10 章　五魔方玩法

10.1　五魔方简介

　　五魔方（Megaminx）是 12 轴 12 面体魔方，有 12 个与轴相连的中心块、30 个棱块、20 个角块，共有约 1.01×10^{68} 种状态。五魔方速拧是世界魔方协会认证的比赛项目之一。

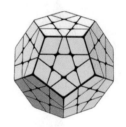

10.2　五魔方转动符号

五魔方转动说明		
R	L	BR
BL	F	U

10.3　五魔方还原法

五魔方还原步骤			
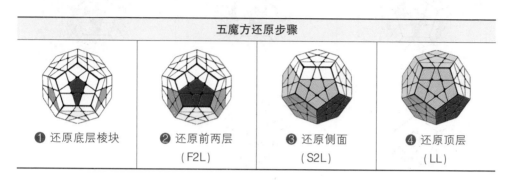			
❶ 还原底层棱块	❷ 还原前两层 （F2L）	❸ 还原侧面 （S2L）	❹ 还原顶层 （LL）

1.　还原底层棱块

这一步将要还原底层的 5 个棱块，还原方法与三阶魔方的底层棱块（Cross）相同。

先将目标棱块移至底面或与底面相邻的面，然后使用公式移至正确位置。

五魔方底层棱块公式		
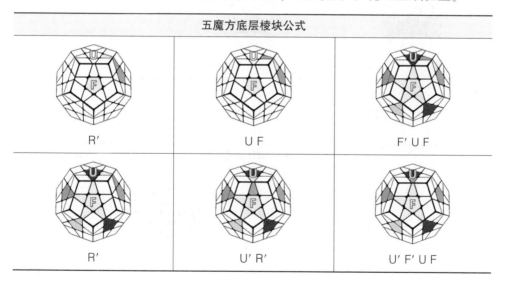		
R′	U F	F′ U F
R′	U′ R′	U′ F′ U F

2.　还原前两层（F2L）

这一步将要还原 5 组底层角块与第二层棱块，完成前两层。五魔方的 F2L 与三阶魔方的 F2L 相同，可以使用相同的公式来还原前两层。

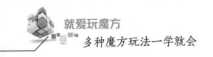
五魔方角块公式		
R BR R'	U' BR' U	BR' R'2 U R2 U'
R BR R' BR' R BR R'	R BR' R' BR R BR' R'	

五魔方棱块公式		
BR R BR' R' U R' U' R	BR' U' BR U R' U R U'	

3. 还原侧面（S2L）

五魔方 S2L 还原步骤	
❶ 五魔方 S2L 可以划分为 5 组 2×2 块和 5 组 1×2 块	
❷ 每组 2×2 块都可以由 1 组 1×2 块和 1 个棱块组合而成，棱块的还原方法同底层棱块还原方法，1×2 块的还原方法与前两层相同，可以使用 F2L 公式进行还原	 

五魔方 S2L 还原顺序			
❸ 五魔方 S2L 还原顺序 1	①还原 1 个棱块和 1 组 1×2 块，完成 1 组 2×2 块	②重复步骤①，完成 5 组 2×2 块	③完成剩余 5 组 S2L
❹ 五魔方 S2L 还原顺序 2	①还原 2 个侧面上相邻的 2 个棱块和 3 组 1×2 块	②转体，还原下一个棱块和 2 组 1×2 块	③重复步骤②，完成全部侧面

4. 还原顶层（LL）

（1）OOPP 法

五魔方顶层 OOPP 法还原步骤			
❶ 调整棱块方向	❷ 调整角块方向	❸ 还原棱块	❹ 还原角块

①调整棱块方向。这一步将顶层棱块的方向调整为正确方向，共有 3 种状态。

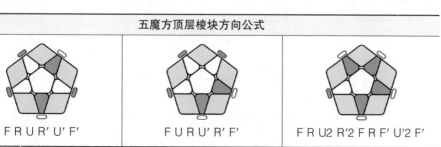

五魔方顶层棱块方向公式		
F R U R′ U′ F′	F U R U′ R′ F′	F R U2 R′2 F R F′ U′2 F′

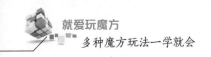

②调整角块方向。这一步将顶层角块方向调整为正确方向，共有 16 种状态。

五魔方顶层 OOPP 法角块方向公式

R BR R′ F R BR′ R′ F′	R U′2 R′ U′ R U′2 R′	R′ F R BR′ R′ F′ R BR	R′2 D′ R U2 R′ D R U′2 R
R U R′ U R U′2 R′	L′ U′ L U′ L′ U2 L	L′ U′2 L U L′ U L	R U2 R′ U′ R U′ R′
R U R′ U R U′ R′ U R U′2 R′	R U2 R′ U′ R U′ R′ U′ R U′ R′	R U R′ U R U R′ U′ R U′2 R′	R U2 R′2 U′ R2 U′ R′2 U2 R
R′ U′2 R2 U R′2 U R2 U′2 R′	U R U′2 R′ U′2 R U2 R′ U′2 R U′ R′	R U R′ U2 R U′2 R′ U R U′2 R′	R U2 R′ U′ R U2 R′ U′2 R U′ R′

③还原棱块。这一步将还原顶层棱块，且不改变顶层角块的方向，共有 5 种状态。

五魔方顶层 OOPP 法棱块公式		

R' U' R U' R U R'2 U R U' R U' R' U2	U'2 R U R' U R' U' R2 U' R' U R' U R U'2	R U R' U2 R' U' R U' R U R'2 U R U' R U'2 R'
R U2 R' U R' U' R2 U' R' U R' U R U'2 R U' R'	U L U'2 L' y R' L' U2 L U R y R L U'2 R' U L'	

④还原角块。这一步将还原顶层角块，3 个角块位置错误的状态有 4 种。多于3 个角块位置错误的状态，可以叠加使用两次还原角块的公式进行还原。

五魔方顶层角块公式			

R' D R U R' R' D' R U' R' D R U2 R' D' R	R' D R U'2 R' D' R U R' D R U R' D' R	R' D R U' R' D' R U'2 R' D R U'2 R' D'	R' D R U2 R' D' R U2 R' D R U R' D' R

（2）OPOP 法

五魔方顶层 OPOP 法还原步骤			

❶ 调整棱块方向	❷ 还原棱块	❸ 调整角块方向	❹ 还原角块

①调整棱块方向。这一步将顶层棱块的方向调整为正确方向，共有 3 种状态。

五魔方顶层棱块方向公式		

F R U R' U' F'	F U R U' R' F'	F R U2 R'2 F R F' U'2 F'

②还原棱块。这一步将还原顶层棱块，共有 5 种状态。

五魔方顶层 OPOP 法棱块公式		
R' U' R U' R' U2 R	R' U'2 R U R' U R	R U'2 R' U' R U'2 R'

R U2 R' U R U2 R'	R U R' U R U' R' U2 R U2 R'	

③调整角块方向。这一步将角块的方向调整为正确方向，且不影响棱块的位置，共有 16 种状态。

五魔方顶层 OPOP 法角块方向公式			
R BR R' F R BR R' F'	F R BR R' F' R BR' R'	R' F R BR' R' F' R BR	R2' D' R U2 R' D R U2' R

（续）

五魔方顶层 OPOP 法角块方向公式			
R' U L U' R U L'	L U' R' U L' U' R	L' BL' BR' R BR BL BR' R' BR L	R BR BL L' BL' BR' BL L BL' R'

F (R U R' U') 3 F'	R U'2 R' U'2 R2 U R'2 U R U' R U' R' U' R'	R U'2 R' U'2 R' U2 R2 U2 R'2 U R	R' U2 R U R U R'2 U R U R U2 R'

U R U'2 R' U' R' U' R2 U' R' U' R' U'2 R	U R U'2 R' U'2 R U2 R' U'2 R U' R'	R' U'2 F U2 R2 U'2 R'2 F' R2 U2 R'	U' R U'2 R'2 F R2 U2 R'2 U'2 F' U2 R

④还原角块。这一步将还原顶层角块，3 个角块位置错误的状态有 4 种。多于 3 个角块位置错误的状态，可以叠加使用两次还原角块的公式进行还原。

五魔方顶层角块公式			

R' D R U' R' D' R U' R' D R U2 R' D' R	R' D R U'2 R' D' R U R' D R U R' D' R	R' D R U' R' D' R U2 R' D R U'2 R' D' R	R' D R U2 R' D' R U R' D R U R' D' R

第 11 章　SQ-1 魔方玩法

11.1　SQ-1 魔方简介

　　SQ-1 魔方（Square-1）是 Back to Square One 的缩写，由卡雷尔·赫谢尔（Karel Hrsel）和沃依采克·柯布斯基（Vojtech Kopsky）在 1992 年发明。它是四轴六面体魔方，有 2 个与轴相连的中心块、8 个 30°棱块、8 个 60°角块，共有约 5.52 × 10^{11} 种状态，任意一种状态都可以通过不超过 13 次的转动来复原。SQ-1 魔方速拧是世界魔方协会认证的比赛项目之一。

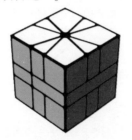
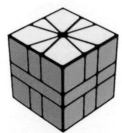

11.2　SQ-1 魔方转动符号

SQ-1 魔方转动说明		
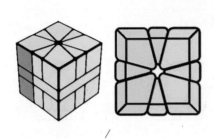 　/ 　右半部分旋转 180°	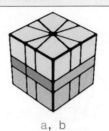 　a, b 顶层旋转 a × 30° 底层旋转 b × 30° 正数为顺时针旋转 负数为逆时针旋转	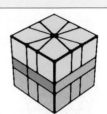 　例如：3，−4 顶层**顺时针**旋转 3 × 30°，即 90°； 底层**逆时针**旋转 4 × 30°，即 120°

11.3 SQ-1 魔方基础还原法

SQ-1 魔方基础还原法还原步骤		
❶ 构造六星	❷ 复形	❸ 角块归层
❹ 棱块归层	❺ 还原角块位置	❻ 还原棱块位置

1. 构造六星

这一步需要将 6 块角块移至同一层，构造六星图案，为复形做准备。

SQ-1 魔方构造六星步骤	
❶ 通过顶层旋转，将角块移至顶层右侧，且与纵向旋转面相邻	正确位置 目标角块与旋转面相邻
	错误位置 目标角块与旋转面不相邻
❷ 右半部分旋转 180°，将目标角块移动至底层	

（续）

SQ-1 魔方构造六星步骤	
❸ 将顶层的任意角块移至顶层左侧，且与纵向选择面相邻	
❹ 右半部分旋转 180°，将两部分角块合并	
❺ 合并成 3 个角块相邻的情况，直接将 3 个角块整体移至底层左侧，完成前 3 个角块的合并	 
❻ 重复步骤❶ ~ ❺，完成另外三个角块的合并，将第二组角块移至底层，完成六星构造	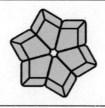

2. 复形

这一步将要把 SQ-1 魔方调整为立方体，构造六星形状后共有 5 种状态。

SQ-1 魔方复形公式		
/ -2，-4/2，1/3，3/	/2，2/0，-1/3，3/	/4，0/1，2/3，-2/ -1，-2 /0，-3/

（续）

SQ-1 魔方复形公式	
/2, 0/1, 2/3, −2 / −1, −2/0, −3/	/ −4, −2/ −1, 4/ −3, 0/

3. 角块归层

这一步将要分离顶层与底层的角块，使它们处于不同的两层。

SQ-1 魔方角块归层公式	
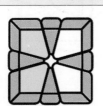 1, 0/ −1, 0	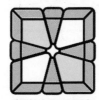 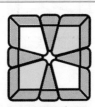 1, 0/3, 3/ −1, 0
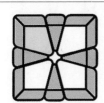 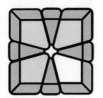 1, 0/3, 0/ −1, 0	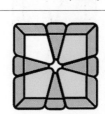 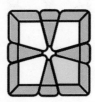 1, 0/ −3, 6/ −1, 0
 1, 0/0, 3/0, 3/ −1, 0	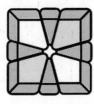 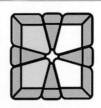 1, 0/3, 0/3, 0/ −1, 0
※底层状态为 x 方向旋转后观察的状态	

4. 棱块归层

这一步将要分离顶层与底层的棱块，使它们处于不同的两层。

SQ-1 魔方棱块归层公式

1, 0/3, 0/3, 0/ −1,
−1/ −2, 1/ −3, 0/ −1, 0

 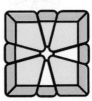

1, 0/ −3, 0/ −1, −1/4, 1/ −1, 0

0, −1/1, 1/ −1, 0

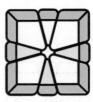 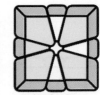

1, 0/3, 0/3, 0/ −1,
−1/ −3, 0/ −3, 0/0, 1

0, −1/3, 0/ −3, 0/1,
1/3, 0/ −3, 0/ −1, 0

0, −1/4, 1/3, 0/ −1, −1/ −2,
1/ −3, 0/ −1, 0

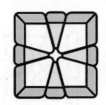

1, 0/ −1, −1/ −2, −2/ −1, −1/0, 1

※底层状态为 x 方向旋转后观察的状态

5. 还原角块位置

这一步将要同时调整两层角块的位置，使它们还原。可以通过观察侧面的角块颜色是否相同来区分不同状态。

SQ-1 魔方角块位置公式

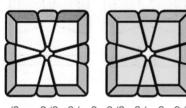

/3，−3/3，0/−3，0/0，3/−3，0/

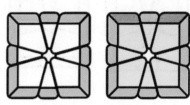

/3，−3/0，3/−3，0/3，0/−3，0/

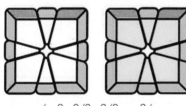

/−3，0/3，3/0，−3/

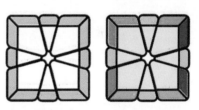

/−3，−3/−3，0/−3，−3/−3，0/−3，−3/

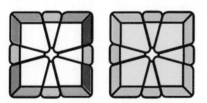

/−3，−3/−3，0/−3，−3/3，0/−3，−3/

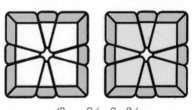

/3，−3/−3，3/

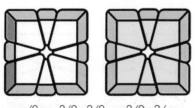

/0，−3/0，3/0，−3/0，3/

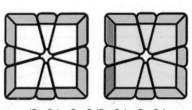

/3，0/−3，0/3，0/−3，0/

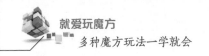
6. 还原棱块位置

这一步将要同时调整两层棱块的位置，使它们还原。

SQ-1 魔方棱块位置公式

/ −3, 0/0, 3/0, −3/0, 3/2, 0/
0, 2/ −2, 0/4, 0/0, −2/0, 2/
−1, 4/0, −3/0, 3

/3, 3/1, 0/ −2, −2/2, 0/2, 2/
0, −2/ −1, −1/0, 3/ −3, −3/
0, 2/ −2, −2/ −1, 0

 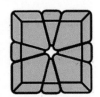

1, 0/ −1, −1/ −3, 0/1,
1/3, 0/ −1, −1/0, 1

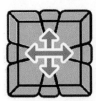 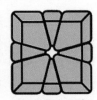

/3, −3/3, −3/0, 1/ −3,
3/ −3, 3/ −1, 0

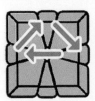

/3, 0/1, 0/0, −3/ −1,
0/ −3, 0/1, 0/0, 3/ −1, 0

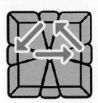 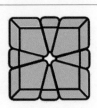

1, 0/0, −3/ −1, 0/3, 0/1,
0/0, 3/ −1, 0/ −3, 0/

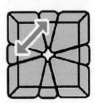

1, 0/3, 0/ −1, −1/ −2, 1/ −1, 0

1, 0/5, −1/ −5, 1/5, 0

（续）

SQ-1 魔方棱块位置公式

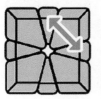

0，-1/1，0/3，0/0，-5/0，
5/ -3，0/ -1，0/0，-5

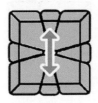

1，0/0，-1/0，-3/5，0/ -5，
0/0，3/0，1/5，0

/3，0/ -3，0/3，0/0，3/1，0/0，
2/4，0/0，-4/2，0/0，5/3，3/0，-3

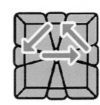 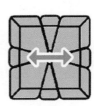

/ -3，-3/0，-5/ -2，0/0，4/ -4，0/0，
-2/ -1，0/0，-3/ -3，0/3，0/ -3，0/0，3

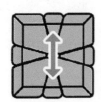 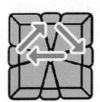

/0，-3/0，3/0，-3/ -3，0/0，-1/ -2，
0/0，-4/4，0/0，-2/ -5，0/ -3，-3/3，0

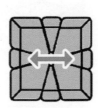 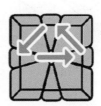

/3，3/5，0/0，2/ -4，0/0，4/2，0/0，
1/3，0/0，3/0，-3/0，3/ -3，0

/3，3/1，0/ -2，0/ -4，0/0，
-4/0，-4/0，-2/0，5/3，3/0，-3

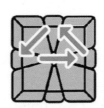 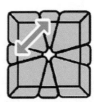

/ -3，-3/0，-5/0，2/0，4/0，4/4，
0/2，0/ -1，0/ -3，-3/0，3

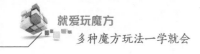

(续)

SQ-1 魔方棱块位置公式	
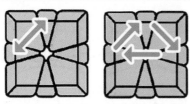	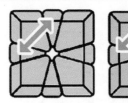
/ −3，−3/0，−1/0，2/0，4/4，0/4， 0/2，0/ −5，0/ −3，−3/3，0	/3，3/5，0/ −2，0/ −4，0/ −4，0/0， −4/0，−2/0，1/3，3/ −3，0
中层旋转 180° /6，0/6，0/6，0	交换顶层与底层 /6，6/ −1，1

11.4 SQ-1 魔方快速还原法

SQ-1 魔方快速还原法还原步骤			
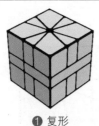	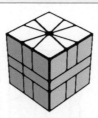	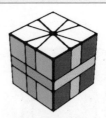	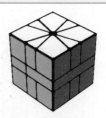
❶ 复形	❷ 双层分离	❸ 还原角块位置	❹ 还原棱块位置

1. 复形

这一步将调整 SQ-1 的形状为立方体，SQ-1 魔方的形状共有 90 种，任意一种状态都可以通过不超过 7 步的转动来复形。

SQ-1 魔方复形公式		
/	/3，3/	/3，0/

（续）

SQ-1 魔方复形公式		
/ −1, 0/ −3, 0/	/2, 0/3, 0/	/ −3, 0/ −3, 0/
/ −1, −2/ −3, 0/	/1, 2/ −3, −3/	/1, 0/ −3, −3/
/ −2, 0/3, 3/	/ −1, 4/ −3, 0/	/ −2, −4/2, 1/3, 3/
/2, 2/0, −1/3, 3/	/ −4, −2/ −1, 4/ −3, 0/	/0, 4/1, 2/ −3, −3/
/0, −2/ −1, −2/ −3, −3/	/0, 2/1, 2/ −3, −3/	/ −2, 0/0, 1/3, 3/
/ −4, 0/ −1, 4/ −3, 0/	/3, −2/ −1, −2/0, −3/	/ −3, 2/1, 2/0, 3/ −1, 1
/0, −2/ −1, 4/ −3, 0/	/ −2, 0/0, 1/3, 0/	/ −4, 0/ −1, 0/ −3, 0/

（续）

SQ-1 魔方复形公式

/0，-2/ -1，-2/0，-3/	/0，-4/ -1，-2/0，-3/	/0，4/1，2/0，3/ -1，1
/2，3/1，2/3，0/ -1，1	/ -2，-3/ -1，-2/ -3，0/	/4，0/ -1，0/ -3，-3/
/3，0/ -1，-2/0，-3/	/ -2，0/ -1，0/ -3，0/	/2，0/1，0/3，0/ -1，1
/0，-2/3，0/ -1，-2/ 0，-3/	/ -2，0/0，2/0，-1/0， -3/ -1，1	/2，0/0，-2/0，1/0，3/
/3，2/3，-2/ -1，-2/0，-3/	/3，0/3，-2/ -1，-2/0，-3/	/ -3，0/ -3，2/1，2/0，3/ -1，1
/3，0/0，4/1，2/0，3/ -1，1	/ -3，0/0，-4/ -1，-2/0，-3/	/ -1，2/2，0/1，2/ -3，-3/
/ -2，0/ -1，0/ -2，0/ 0，-3/ -1，1	/2，0/1，0/2，0/0，3/	/ -3，0/ -2，-4/2，1/3，3/

(续)

SQ-1 魔方复形公式

/ -3, 2/0, -4/ -1, -2
/0, -3/

/ -2, 0/2, 0/ -1, -2
/ -3, 0/

/0, -1/2, 0/ -1, -2
/ -3, 0/

/0, 1/ -2, 0/1, 2
/3, 0/ -1, 1

/ -2, 0/2, 0/ -1, 0
/ -3, 0/

/0, -1/2, 1/ -1, 0
/ -3, 0/

/0, 1/2, 0/ -1, 0
/ -3, 0/

/0, 2/ -2, 0/0, 1
/3, 3/

/1, -2/ -2, 3/ -1, -2
/ -3, 0/

/ -1, 2/2, -3/1, 2/3, 0
/ -1, 1

/ -1, 0/ -4, -2/ -1, 4
/ -3, 0/

 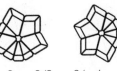

/ -3, -2/3, -2/ -1, -2
/0, -3/

/3, 2/ -3, 2/1, 2/0, 3
/ -1, 1

/ -1, 0/0, 4/1, -4/0, 3
/ -1, 1

/1, 0/0, -4/ -1, 4
/0, -3/

/0, 2/3, -2/ -1, -2
/0, -3/

/1, 0/0, -2/ -1, 4
/ -3, 0/

/1, 2/0, -2/ -1, 4
/ -3, 0/

(续)

SQ-1 魔方复形公式

/1, 0/ −2, 3/ −1, −2

/ −3, 0/

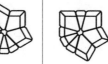

/ −1, 0/2, −3/1, 2/3, 0

/ −1, 1

/1, 0/ −2, 0/2, 1

/3, 3/

/ −1, 0/2, 0/ −2, −1

/3, 3/

/0, 2/0, −2/ −1, 4

/ −3, 0/

/ −1, 0/2, 2/0, −1

/3, 3/

/2, 0/0, −2/ −1, 4

/ −3, 0/

/1, 0/2, 2/0, −1

/3, 3/

/4, 0/1, 2/3, −2/ −1, −2

/0, −3/

/2, 0/1, 2/3, −2/ −1, −2

/0, −3/

/ −1, 0/2, 0/0, −2/0, 1

/0, 3/

/3, 0/0, 2/0, −2/0, 1

/0, 3/

/2, 2/0, −1/2, 2/ −1, 0

/ −3, −3/

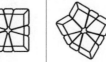

/2, 0/0, −1/ −2, 0/1, 0

/3, 0/ −1, 1

/ −2, 0/0, 1/2, 0/ −1, 0

/ −3, 0/

/2, −3/2, 0/ −2, 0/1, 0

/ −3, −3/

/ −2, 0/0, −1/2, 0

/ −1, −2/ −3, 0/

/2, 0/0, 1/ −2, 0/1, 2

/3, 0/ −1, 1

（续）

SQ-1 魔方复形公式		
/2, −3/ −2, 0/2, 0/ −1, 0/ −3, 0/	/ −2, 0/ −1, 0/2, 0/ −2, −1/3, 3/	/2, 0/1, 0/ −2, 0/2, 1 /3, 3/
/2, −1/1, 0/ −2, 0/2, 1 /3, 3/	/ −2, 1/ −1, 0/2, 0/ −2, −1/3, 3/	/4, 0/ −2, 0/2, 0/ −1, 0 / −3, 0/
/2, 0/ −2, 0/2, 0/ −1, 0 / −3, 0/	/ −1, 0/2, 0/ −2, 0/2, 0 / −1, 0/ −3, 0/	

2. 双层分离

这一步将要把顶层与底层的块进行分离，使它们处于不同的两层。

SQ-1 魔方角块归层公式	
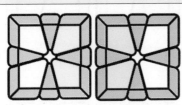	
1, 0/ −1, 0	1, 0/3, 3/ −1, 0
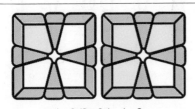	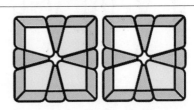
1, 0/3, 0/ −1, 0	1, 0/ −3, 6/ −1, 0

（续）

SQ-1 魔方角块归层公式

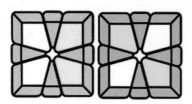

1, 0/0, 3/0, 3/ −1, 0

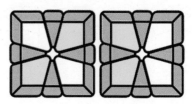

1, 0/3, 0/3, 0/ −1, 0

SQ-1 魔方棱块归层公式

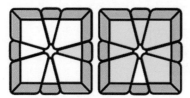

1, 0/3, 0/3, 0/ −1, −1/ −2, 1/
−3, 0/ −1, 0

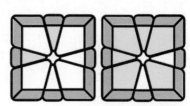

1, 0/ −3, 0/ −1, −1/4, 1/
−1, 0

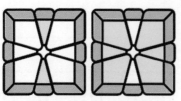

0, −1/1, 1/ −1, 0

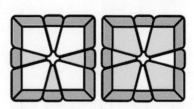

1, 0/3, 0/3, 0/ −1, −1/
−3, 0/ −3, 0/0, 1

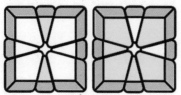

0, −1/3, 0/ −3, 0/1, 1/3, 0/
−3, 0/ −1, 0

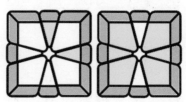

0, −1/4, 1/3, 0/ −1, −1/ −2, 1/
−3, 0/ −1, 0

（续）

SQ-1 魔方棱块归层公式
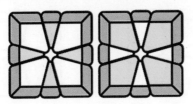
1，0/ −1，−1/ −2，−2/ −1，−1/0，1

※底层状态为 x 方向旋转后观察的状态

3. 还原角块位置

这一步将要同时调整两层角块的位置，使它们还原。可以通过观察侧面的角块颜色是否相同来区分不同状态。

SQ-1 魔方角块位置公式	
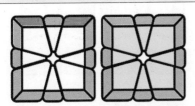	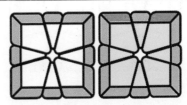
/3，−3/3，0/ −3，0/0，3/ −3，0/	/3，−3/0，3/ −3，0/3，0/ −3，0/
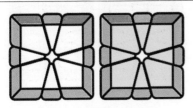	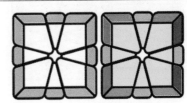
/ −3，0/3，3/0，−3/	/ −3，−3/ −3，0/ −3，−3/ −3，0/ −3，−3/
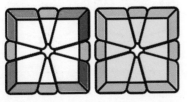	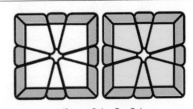
/ −3，−3/ −3，0/ −3，−3/3，0/ −3，−3/	/3，−3/ −3，3/

（续）

SQ-1 魔方角块位置公式

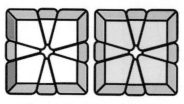 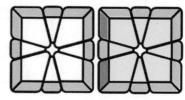

/0, −3/0, 3/0, −3/0, 3/	/3, 0/ −3, 0/3, 0/ −3, 0/

4. 还原棱块位置

这一步将要同时调整两层棱块的位置，使它们还原。棱块位置共有 100 种状态。

SQ-1 魔方棱块位置公式

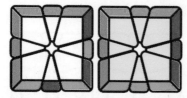 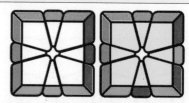

/ −3, 0/0, 3/0, −3/0, 3/2, 0/0, 2/ −2, 0 /4, 0/0, −2/0, 2/ −1, 4/0, −3/0, 3	/0, 3/ −3, 0/3, 0/ −3, 0/0, −2/ −2, 0/0, 2 /0, −4/2, 0/ −2, 0/ −4, 1/3, 0/ −3, 0

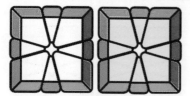 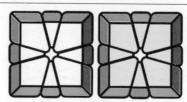

/3, 3/1, 0/ −2, −2/2, 0/2, 2/0, −2/ −1, −1/0, 3/ −3, −3/0, 2/ −2, −2/ −1, 0	/ −3, −3/0, −1/2, 2/0, −2/ −2, −2/ 2, 0/1, 1/ −3, 0/3, 3/ −2, 0/2, 2/0, 1

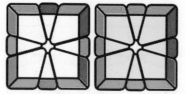 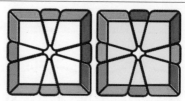

1, 0/ −1, −1/ −3, 0/1, 1/3, 0/ −1, −1/0, 1	0, −1/1, 1/0, 3/ −1, −1/0, −3/ 1, 1/ −1, 0

（续）

SQ-1 魔方棱块位置公式

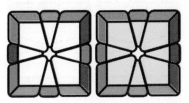

/3，−3/3，−3/0，1/ −3，3/ −3，3/ −1，0

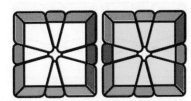

/3，−3/3，−3/ −1，0/ −3，3/ −3，3/0，1

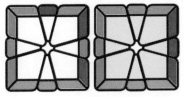

/3，0/1，0/0，−3/ −1，0/ −3，0/
1，0/0，3/ −1，0

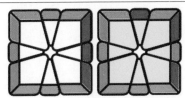

/0，−3/0，−1/3，0/0，1/0，3/
0，−1/ −3，0/0，1

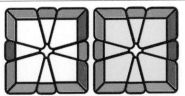

1，0/0，−3/ −1，0/3，0/1，0/
0，3/ −1，0/ −3，0/

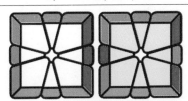

0，−1/3，0/0，1/0，−3/0，−1/
−3，0/0，1/0，3/

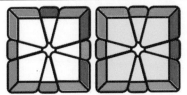

1，0/2，2/0，−2/3，3/1，0/ −2，−2/
−2，0/2，2/ −1，0/ −3，−3/

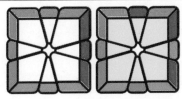

0，−1/ −2，−2/2，0/ −3，−3/0，−1/
2，2/0，2/ −2，−2/0，1/3，3/

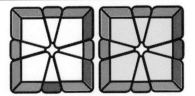

/3，3/1，0/ −2，−2/2，0/2，2/ −1，0/
−3，−3/0，2/ −2，−2/ −1，0

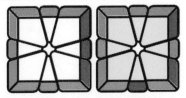

/ −3，−3/0，−1/2，2/0，−2/ −2，−2/
0，1/3，3/ −2，0/2，2/0，1

（续）

SQ-1 魔方棱块位置公式	

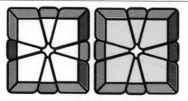 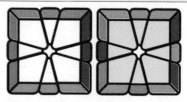

0, −1/1, −2/−4, 0/0, 3/1, 0/3, −2/−4, 0/−4, 0/−2, 2/−1, 0/0, −3/−3, 3

1, 0/2, −1/0, 4/−3, 0/0, −1/2, −3/0, 4/0, 4/−2, 2/0, 1/3, 0/−3, 3

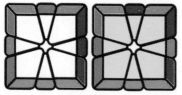 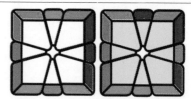

1, 0/3, 0/−1, −1/−2, 1/−1, 0

1, 0/0, −1/0, −3/5, 0/−5, 0/0, 3/0, 1/5, 0

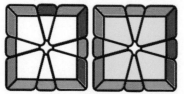 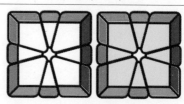

0, −1/1, 0/3, 0/0, −5/0, 5/−3, 0/−1, 0/0, −5

1, 0/5, −1/−5, 1/5, 0

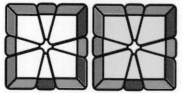 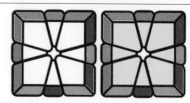

/−3, 0/3, 3/3, 0/1, 0/−2, 4/2, −4/−1, 3/0, 3/−3, −3/−3, 0

/0, 3/−3, −3/0, −3/0, −1/−4, 2/4, −2/−3, 1/−3, 0/3, 3/0, 3

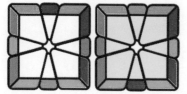 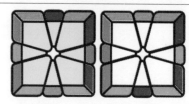

/−3, 0/3, 3/3, 0/1, 0/−2, 4/2, −4/0, 4/−1, 2/−3, −3/−3, 0

/0, 3/−3, −3/0, −3/0, −1/−4, 2/4, −2/−4, 0/−2, 1/3, 3/0, 3

（续）

SQ-1 魔方棱块位置公式

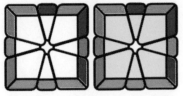

/3, 3/1, 0/ −2, 0/ −4, 0/0, −4/
0, −4/0, −2/0, 5/3, 3/0, −3

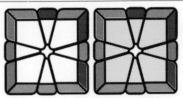

/ −3, −3/0, −1/0, 2/0, 4/4, 0/
4, 0/2, 0/ −5, 0/ −3, −3/3, 0

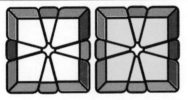

/ −3, −3/0, −5/0, 2/0, 4/0, 4/
4, 0/2, 0/ −1, 0/ −3, −3/0, 3

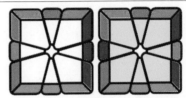

/3, 3/5, 0/ −2, 0/ −4, 0/ −4, 0/
0, −4/0, −2/0, 1/3, 3/ −3, 0

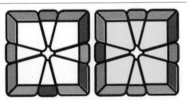

/ −3, −3/0, −3/ −2, −2/2, 0/ −2, 4/
−4, 2/ −1, 0/ −3, −3/ −3, 0

/ −3, −3/0, −1/ −4, 2/4, −2/ −4, 0/
−2, −2/ −3, 0/ −3, −3/ −3, 0

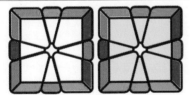

/ −3, −3/3, 0/ −3, −3/ −2, 0/ −2, 4/
2, −4/ −1, 0/ −3, −3/ −3, 0

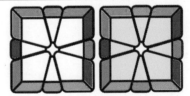

/ −3, −3/0, −1/ −4, 2/4, −2/0, −2/
−3, −3/0, 3/ −3, −3/0, −3

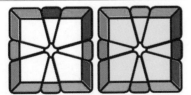

/3, 0/ −3, 0/3, 0/0, 3/1, 0/0, 2/
4, 0/0, −4/2, 0/0, 5/3, 3/0, −3

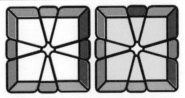

/0, −3/0, 3/0, −3/ −3, 0/0, −1/ −2, 0/
0, −4/4, 0/0, −2/ −5, 0/ −3, −3/3, 0

（续）

SQ-1 魔方棱块位置公式

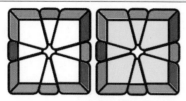

/ −3, −3/0, −5/ −2, 0/0, 4/ −4, 0/0, −2/
−1, 0/0, −3/ −3, 0/3, 0/ −3, 0/0, 3

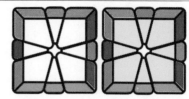

/3, 3/5, 0/0, 2/ −4, 0/0, 4/2, 0/0, 1/
3, 0/0, 3/0, −3/0, 3/ −3, 0

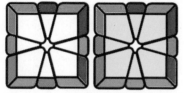

1, 0/ −1, −1/ −3, 0/ −2, 1/ −4, −1/
−2, 1/ −3, 0/ −4, −1/0, 1

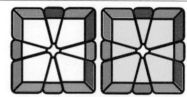

1, 0/ −3, 0/3, 0/ −1, 2/4, 1/ −1, 2/
4, 1/3, 3/ −1, 0

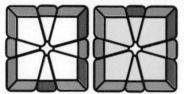

0, −1/4, 1/3, 0/2, −1/4, 1/
2, −1/3, 0/1, 1/ −1, 0

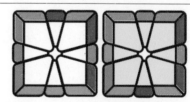

1, 0/ −3, −3/ −4, −1/1, −2/ −4, −1/
1, −2/ −3, 0/3, 0/ −1, 0

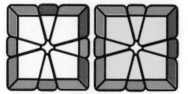

1, 0/ −1, −1/ −2, 1/ −1, −1/
−2, 1/ −1, −1/6, 1

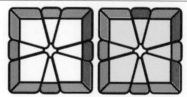

1, 0/ −1, −1/0, 3/1, 1/0, 3/
−1, −1/0, −5

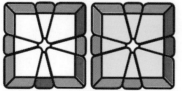

1, 0/ −1, −1/3, 0/1, 1/3, 0/
−1, −1/6, 1

1, 0/ −1, −1/0, −3/1, 1/0, −3/
−1, −1/0, −5

（续）

SQ-1 魔方棱块位置公式

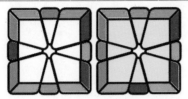

1, 0/3, 0/ −1, −1/3, 0/ −3, 0/
1, 1/ −3, 0/5, 0

0, −1/0, −3/1, 1/0, −3/0, 3/
−1, −1/0, 3/0, −5

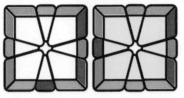

1, 0/0, 3/ −1, 0/0, 3/1, 0/2, 2/
0, 1/0, 3/1, 0/ −3, 0/ −1, 0

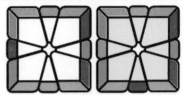

0, −1/ −3, 0/0, 1/0, 3/1, 0/2, 2/
0, 1/0, 3/0, −1/0, 3/0, 1

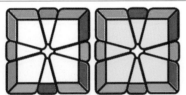

1, 0/0, 3/ −1, −1/4, −2/ −1, −1/
−2, 1/ −1, 0

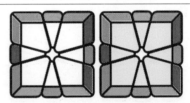

1, 0/5, −1/ −3, −3/1, 1/ −3, 3/
5, 0

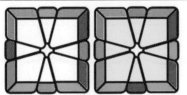

/ −3, −3/ −3, 0/ −5, 1/4, −2/
−2, 1/3, 3/

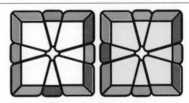

/ −3, −3/3, 0/5, −1/2, −4/
−1, 2/ −3, −3/

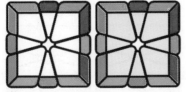

1, 0/0, 3/ −1, −1/1, −2/ −3, 0/
3, 0/ −1, −1/ −2, 1/2, 0

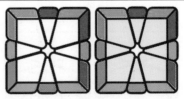

0, −1/ −2, 1/ −1, −1/3, 0/ −2, 1/
3, 0/ −1, −1/ −2, 1/2, 0

（续）

SQ-1 魔方棱块位置公式	
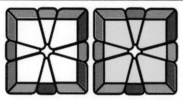 −2, 0/3, 0/ −1, −1/ −2, 1/3, 0/ 0, 3/ −1, −1/1, −2/ −1, 0	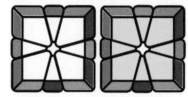 −2, 0/3, 0/ −1, −1/ −2, 1/0, −3/ 0, 3/ −1, −1/1, −2/2, 3
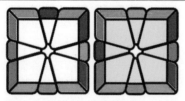 /0, −3/0, 3/0, −3/0, 3/1, −1/ 0, −3/0, 3/0, −3/0, 3/ −1, 1	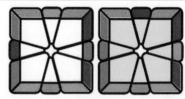 0, −1/3, 0/ −3, 0/3, 0/ −3, 0/1, 1/ 3, 0/ −3, 0/3, 0/ −3, 0/ −1, 0
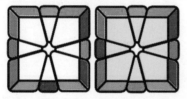 1, 0/0, −3/0, 3/0, −3/0, 3/ −1, −1/ 0, −3/0, 3/0, −3/0, 3/0, 1	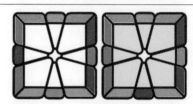 /3, 0/ −3, 0/3, 0/ −3, 0/ −1, 1/3, 0/ −3, 0/ −3, 0/3, 0/ −1, 1
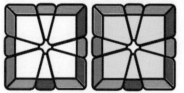 1, 0/5, −1/ −5, 1/3, 0/3, 0/ −1, −1/ −2, 1/2, 0	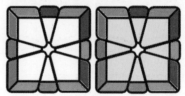 1, 0/5, −1/ −5, 1/0, 3/3, 0/ −1, −1/ −2, 1/5, −3
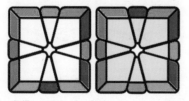 1, 0/5, −1/ −3, 0/1, 1/ −3, 0/5, 0	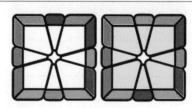 0, −1/ −5, 1/3, 0/ −1, −1/3, 0/6, 1

（续）

SQ-1 魔方棱块位置公式

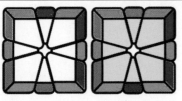

/3, 3/1, 0/ −2, −2/ −2, 0/2, 2/ −2, 2/
1, 1/0, −3/ −3, −3/1, 0/2, 2/0, −2

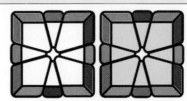

/3, 3/ −1, 0/2, 2/2, 0/ −2, −2/2, −2/
−1, −1/0, 3/ −3, −3/0, −1/ −2, −2/2, 0

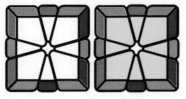

/3, 3/1, 0/ −2, −2/2, 0/2, 2/ −2, 2/
1, 1/0, −3/ −3, −3/ −2, 0/2, 2/ −3, −2

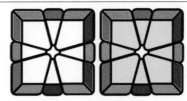

/3, 3/ −1, 0/2, 2/ −2, 0/ −2, −2/2, −2/
−1, −1/0, 3/ −3, −3/0, 2/ −2, −2/2, 3

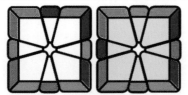

/ −3, −3/0, −1/ −4, 2/4, −2/ −2, 2/
2, 2/3, 0/ −3, −3/0, 3

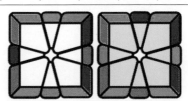

/3, 3/1, 0/ −2, 4/2, −4/ −2, 2/
−2, −2/3, 0/ −3, −3/0, 3

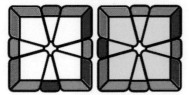

/ −3, −3/0, −1/ −4, 2/4, −2/0, −2/
−2, −2/ −1, 2/ −3, −3/0, −3

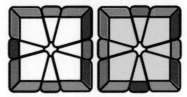

/3, 3/1, 0/ −2, 4/2, −4/2, 0/
2, 2/ −2, 1/3, 3/3, 0

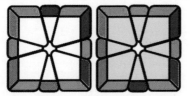

/0, −3/0, 3/0, −3/ −3, 0/0, 5/2, −4/
−4, 0/0, −4/ −4, −2/1, 0/ −3, −3/3, 0

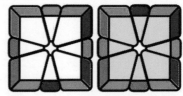

/3, 0/ −3, 0/3, 0/0, 3/ −5, 0/4, −2/
0, 4/4, 0/2, 4/0, −1/3, 3/0, −3

（续）

SQ-1 魔方棱块位置公式

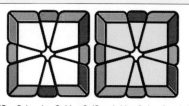

/3, 3/ −1, 0/4, 2/0, 4/4, 0/ −2, 4/
0, −5/ −3, 0/ −3, 0/0, 3/ −3, 0/3, 0

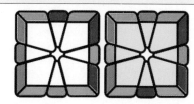

/ −3, −3/0, 1/ −2, −4/ −4, 0/0, −4/
−4, 2/5, 0/0, −3/ −3, 0/3, 0/ −3, 0/0, 3

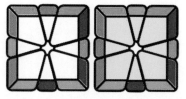

/ −3, −3/ −2, 1/ −2, 0/2, 0/4, 0/ −4, 0/
2, 0/ −2, −1/0, 3/3, 3/0, −3/0, −3

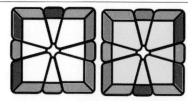

/ −3, −3/2, −1/2, 0/ −2, 0/ −4, 0/4, 0/
−2, 0/2, 1/3, 0/3, 3/ −3, 0/3, 0

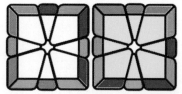

/3, 3/1, −2/ −2, 0/2, 0/4, 0/ −4, 0/
2, 0/ −2, −1/3, 0/3, 3/ −3, 0/0, −3

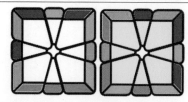

/3, 3/ −1, 2/2, 0/ −2, 0/ −4, 0/4, 0/
−2, 0/2, 1/0, 3/3, 3/0, −3/3, 0

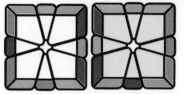

/ −3, 0/4, 0/ −3, 0/0, 3/ −1, 0/ −2, 0/
−4, −4/0, −2/0, 1/ −4, 0/0, 3/0, 3

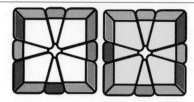

/ −3, −3/0, −1/ −2, 0/ −2, 0/ −2, −2/
0, 2/2, 0/ −2, 0/2, 0/ −1, −2/ −3, −3/ −3, 0

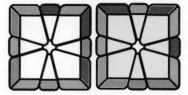

/0, −3/4, 0/0, −1/0, 2/4, 4/2, 0/1, 0/
0, −3/3, 0/ −4, 0/3, 0/0, −3

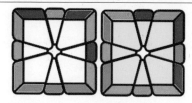

/3, 0/0, −4/1, 0/0, 2/4, 4/2, 0/
0, −1/3, 0/0, −3/0, 4/0, −3/3, 0

（续）

SQ-1 魔方棱块位置公式	
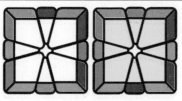	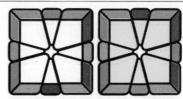
/0, 3/ −3, −3/0, −3/0, −1/ −4, 2/ 4, −2/ −2, 2/ −1, 2/ −3, −3/3, 6	/ −3, 0/3, 3/3, 0/1, 0/ −2, 4/ 2, −4/ −2, 2/ −2, 1/3, 3/6, −3
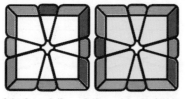	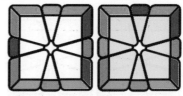
/0, 3/ −3, −3/0, −3/0, −1/ −4, 2/4, −2/ −4, 0/1, 1/1, 1/ −1, 2/ −3, −3/3, 6	/ −3, 0/3, 3/3, 0/1, 0/ −2, 4/2, −4/ 0, 4/ −1, −1/ −1, −1/ −2, 1/3, 3/6, −3
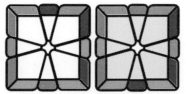	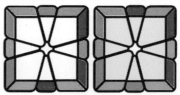
1, 0/ −1, −1/ −3, 0/1, 1/3, −3/ −1, −1/0, −3/1, 1/ −1, 6	1, 0/ −1, −1/3, 0/1, 1/3, −3/ −1, −1/0, 3/1, 1/5, 0
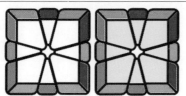	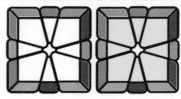
1, 0/ −1, −1/0, 3/1, 1/ −3, −3/ −1, −1/ −3, 0/1, 1/5, 0	1, 0/ −1, −1/0, −3/1, 1/ −3, −3/ −1, −1/3, 0/1, 1/ −1, 6
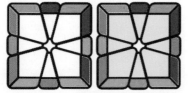	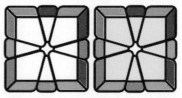
/0, −3/0, −1/3, 0/0, 1/0, 3/0, −1/ −2, 1/ −3, 0/ −1, −1/ −3, 0/1, 1/5, 0	/3, 0/1, 0/0, −3/ −1, 0/ −3, 0/1, 0/ −1, 2/0, −3/1, 1/0, −3/ −1, −1/0, −5

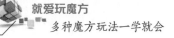
（续）

SQ-1 魔方棱块位置公式
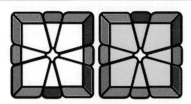 /0，-3/0，-1/3，0/0，1/0，3/0，-1/ -2，1/3，0/-1，-1/3，0/1，1/5，0	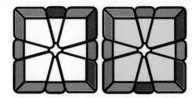 /3，0/1，0/0，-3/-1，0/-3，0/1，0/ -1，2/0，3/1，1/0，3/-1，-1/0，-5
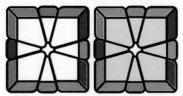 1，0/5，-1/-3，0/1，1/0，-3/ -1，-1/-2，4/5，0	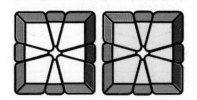 还原状态

第 12 章　魔表玩法

12.1　魔表简介

　　魔表（Rubik's Clock）由克里斯托夫·C. 韦格斯（Christopher C. Wiggs）和克里斯托夫·J. 泰勒（Christopher J. Taylor）在 1988 年发明。它共有 18 个指针和 4 个按钮，其中正反两面的角位置指针互相连接，共有约 1.28×10^{15} 种状态。魔表是世界魔方协会认证的比赛项目之一。

12.2　魔表操作符号

1.　按钮操作

　　魔表的按钮会连接按钮周围的 4 个指针，抬起的按钮会连接角位置和正面的指针，按下的按钮会连接角位置和反面的指针。

　　魔表的正反两面各有 9 个指针，处于角位置的指针分别用 UL、UR、DL、DR 表示，处于边位置的指针分别用 CU、CR、CD、CL 表示，处于中心位置的指针用 C 表示。

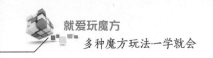

左上按钮抬起：UL　　　右上按钮抬起：UR　　　左下按钮抬起：DL

右下按钮抬起：DR　　　上侧按钮抬起：U　　　右侧按钮抬起：R

下侧按钮抬起：D　　　左侧按钮抬起：L　　　全部按钮抬起：ALL

2. **指针转动**

角位置指针可以直接转动，同时会使与它连接的指针进行相同的转动。指针转动通常指转动抬起状态按钮的相邻指针。

魔表操作说明			
UL	UR	DL	DR
U	R	D	L
ALL	a+ 指针顺时针旋转 a×30°	a- 指针逆时针旋转 a×30°	

294

12.3　魔表快速还原法

魔表快速还原法还原步骤	
 ❶ 还原正面和反面 5 个指针	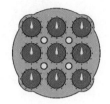 ❷ 还原角位置指针

1.　还原边位置和中心位置指针

魔表边位置和中心位置指针还原步骤	
❶ 抬起 UR 按钮，转动 UR 指针使 CU 指针与 CL 指针同向 	❷ 抬起 DR 按钮，转动 DR 指针使 C 指针与 CL、CU 指针同向 
❸ 抬起 UL 按钮，转动 UL 指针使 CL、CU、C 指针与 CR 指针同向 	❹ 抬起 UL、UR 按钮，旋转 UL 或 UR 指针使 CU、CL、CR、C 指针与 CD 指针同向 

（续）

魔表边位置和中心位置指针还原步骤	
❺ 抬起 UL、UR、DR 按钮，旋转 UL 或 UR 指针使 CU、CL、CR、CD、C 指针指向 12 点方向	❻ 将魔表翻面，重复步骤（1）~（5），还原反面的 CU、CL、CR、CD、C 指针
	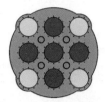

2. 还原角位置指针

魔表角位置指针还原步骤	
❶ 抬起 UL、DL、DR 按钮，旋转 UL 指针使 C 指针与 UR 指针同向	❷ 抬起 UR、DL、DR 按钮，旋转 UR 指针使 C 指针与 UL 指针同向
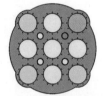	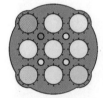
❸ 抬起 UL、UR、DR 按钮，旋转 UL 或 UR 指针使 C 指针与 DL 指针同向	❹ 抬起 UL、UR、DL 按钮，旋转 UL 或 UR 指针使 C 指针与 DR 指针同向
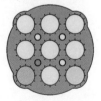	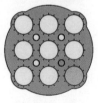

❺ 抬起全部按钮，旋转 UL 或 UR 指针使全部指针指向 12 点方向

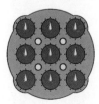